墨菲定律

鸿雁 编著

图书在版编目（CIP）数据

墨菲定律 / 鸿雁编著. -- 长春 : 吉林文史出版社, 2017.5
印）

ISBN 978-7-5472-4048-9

Ⅰ. ①墨… Ⅱ. ①鸿… Ⅲ. ①成功心理－通俗读物 Ⅳ. ①B848.4-49

中国版本图书馆CIP数据核字(2017)第091370号

墨菲定律
MOFEI DINGLü

出 版 人 孙建军
编 著 者 鸿 雁
责任编辑 于 涉 董 芳
责任校对 薛 雨
封面设计 韩立强
出版发行 吉林文史出版社有限责任公司（长春市人民大街4646号）
www.jlws.com.cn
印 刷 天津海德伟业印务有限公司
版 次 2017年5月第1版 2018年1月第2次印刷
开 本 640mm×920mm 16开
字 数 200千
印 张 16
书 号 ISBN 978-7-5472-4048-9
定 价 45.00元

前　言

世界是纷繁复杂的，很多事情我们虽然习以为常，但并不了解其真相 ，我们需要用一些理论来揭示事物运行的逻辑规律，推演命运发展的因果关系。我们更需要用一些理论来指导我们的生活和工作，以使我们的生活更加美好，工作更加顺利。

世界上有许多神奇的人生定律、法则、效应，运用这些神奇的理论，我们能洞悉世事，解释人生的诸多现象，更重要的是，这些理论能指导我们如何去做，如何去改变我们的命运。不管你是否知道这些定律和法则，这些定律和法则都在起着决定性的作用——只是我们很少去关注它们。古今中外，那些伟大的成功者，都深谙这些定律和法则的奥妙所在。无论我们是谁，无论我们从事什么职业，我们都需要知道这些定律和法则。

为什么很多人感觉自己工作很尽力，却没有达到预期的效果或者收效甚微？这个问题可以用二八法则来解释：通常我们所做的工作 80％都是无用功，只有 20％可以收效。如何避免这种情况的发生？二八法则告诉我们，要把主要精力放在 20％的工作上，让其产生 80％的收效。

此外，我们还可以用奥卡姆剃刀定律来分析和解决这个问题。奥卡姆剃刀定律认为，在我们做过的事情中，可能绝大部分是毫无意义的，真正有效的活动只是其中的一小部分，而它们通常隐含于繁杂的事物中。找到关键的部分，去掉多余的活动，成功就由复杂变得简单了。

为什么很多人情绪低迷，毫无斗志，乃至平庸一生？这个问题可以用马蝇效应来解释和解决。马蝇效应认为，如果没有马蝇叮咬，马就会慢慢腾腾，走走停停；如果有马蝇叮咬，马就不敢怠慢，跑得飞快。也就是说，人是需要一根鞭子的，只有被不停地抽打，才不会松懈，才会努力拼搏，不断进步。这根鞭子是压力，是挫折和困难，是危机意识。这一解释不仅适用于个人，同样也适用于企业管理。

为什么算命先生有时说得那么准？难道他们真的有未卜先知的能力吗？当然不是。这个问题可以用巴纳姆效应来解释：人常常迷失在自我当中，很容易受到周围信息的暗示，并把他人的言行作为自己行动的参照，常常认为一种笼统的、一般性的人格描述十分准确地揭示了自己的特点。也就是说，算命先生所说的话一般是共性的，即这些话对谁说都能有一定的准确性。人在那种特殊的情况下，就会在无形中把被说中的部分扩大了，所以会感觉很准。对此，巴纳姆效应告诉我们：要认识你自己，要相信你自己，树立科学的人生观，才不会被一些骗子所迷惑。

……

本书中共介绍了墨菲定律、蘑菇定律、马太效应、二八法则、破窗效应、彼得原理、帕金森定律、吸引力法则、羊群效应、蝴蝶效应等 100 多个最经典的人生定律、法则、效应，在简单地介绍了每个定律或法则的来源和基本理论后，就如何运用其解释人生中的现象并指导我们的工作和生活等进行了重点阐述，是一部可以启迪智慧、改变命运的人生宝典。

这些定律、法则、效应风靡全世界，无论是做人还是做事，都是成功人士所必知的。只要认真阅读此书，相信你一定会有所收获。你也可以利用这些神奇的定律和法则来驾驭你的一生，它将助你改变命运。

目录

第一章　成功学的秘密

第二章　职场行为学准则

第三章　生存竞争法则

第四章 人际关系学定律

第五章 经济学效应

第六章 决策中的学问

第七章 信息决定成败

第八章 管理学原理

第九章 经营学法则

第十章 两性关系的秘密

第一章　成功学的秘密

洛克定律：确定目标，专注行动

有目标才会成功

目标，是赛跑的终点线，是跳高的最高点，是篮圈，是球门，是一个人要做一件事所要达成的自己，是奋斗的方向。没有目标，人就会变成没头的苍蝇，盲目而不知所措；没有目标，你终会因碌碌无为而悔恨；没有目标，你就很难与成功相见。

人要有一个奋斗目标，这样活起来才有精神，有奔头。那些整天无所事事、无聊至极的人，就是因为没有目标。从小就要为自己的人生制定一个目标，然后不断地向它靠近，终有一天你会达到这个目标。如果从小就糊里糊涂，对自己的人生不负责任，没有目标没有方向，那这一生也难有作为。每个人出门，都会有自己的目的地，如果不知道自己要去哪里，漫无目的地闲逛，那速度就会很慢，但当你清楚你自己要去的地方，你的步履就会情不自禁地加快。如果你分辨不清自己所在的方位，你会茫然若失；一旦你弄清了自己要去的方向，你会精神抖擞。这就是目标的力量。所以说，一个人有了目标，才会成功。

美国哈佛大学曾经做过一项关于“目标”的跟踪调查，调查的对象是一群智力、学历和环境等都差不多的年轻人。调查结果显示：90％的人没有目标，6％的人有目标，但目标模糊，只有4%的人有非常清晰明确的目标。20年后，研究人员回访发现，那4%有明确目标的人，生活、工作、事业都远远超过了另外96%的人。更不可思议的是，4%的人拥有的财富，超过了96%的人所拥有财富的总和。由此可见目标的重要性。

一位哲人曾经说过，除非你清楚自己要到哪里去，否则你永远也到不了自己想去的地方。要成为职场中的强者，我们首先就要培养自己的目标意识。古希腊彼得斯说："须有人生的目标，否则精力全属浪费。"古罗马小塞涅卡说："有些人活着没有任何目标，他们在世间行走，就像河中的一棵小草，他们不是行走，而是随波逐流。"

在这个世界上有这样一种现象，那就是"没有目标的人在为有目标的人达到目标"。因为有明确、具体的目标的人就好像有罗盘的船只一样，有明确的方向。在茫茫大海上，没有方向的船只能跟随着有方向的船走。

有目标未必能够成功，但没有目标的人一定不能成功。博恩·崔西说："成功就是目标的达成，其他都是这句话的注解。"顶尖的成功人士不是成功了才设定目标，而是设定了目标才成功。

目标是灯塔，可以指引你走向成功。有了目标，就会有动力；有了目标，就会有方向；有了目标，就会有属于自己的未来。

目标要"跳一跳，够得着"

目标不是越大越好，越高越棒，而是要根据自己的实际情况，制定出切实可行的目标才最有效。这个目标不能太容易就能达到，也不能高到永远也碰不着，"跳一跳，够得着"最好。

这个目标既要有未来指向，又要富有挑战性。比如那篮圈，定在那个高度是有道理的，它不会让你轻易就进球，也不会让你永远也进不了球，它正好是你努努力就能进球的高度。试想，如果把篮圈定在 1.5 米的高度，那进球还有意义吗？如果把篮圈定在 15 米的高度，还有人会去打篮球吗？所以，制定目标就像这篮圈一样，要不高不低，通过努力能达到才有效。

曾经有一个年轻人，很有才能，得到了美国汽车工业巨头福特的赏识。福特想要帮这个年轻人完成他的梦想，可是当福特听到这位年轻人的目标时，不禁吓了一跳。原来这个年轻人一生最大的愿望就是要赚到 1000 亿美元，超过福特当时所有资产的 100 倍。这个目标实在是太大了，福特不禁问道："你要那么多钱做什么？"年轻人迟疑了一会儿，说："老实讲，我也不知道，但我觉得只有那样才算是成功。"福特看看他，意味深长地说："假如一个人果真拥有了那么多钱，将会威胁整个世界，我看你还是先别考虑这件事，想些切实可行的吧。"5 年后的一天，那位年轻人再次找到福特，说他想要创办一所大学，自己有 10 万美元，还差 10 万美元，希望福特可以帮他。福特听了这个计划，觉得可行，就决定帮助这位年轻人。又过了 8 年，年轻人如愿以偿地成功创办了自己的大学—伊利诺斯大学。

所以说，如果一个人的目标定得过大，听起来很空洞，没有一点可行性，那这个目标只是一个空谈，永远没有可以兑现的一天。

千里之行始于足下，汪洋大海积于滴水。成功都是一步一步走出来的。当然也有人一夜暴富，一下成名，但是谁又能看到他们之前的努力与艰辛。在俄国著名生物学家巴甫洛夫临终前，有人向他请教成功的秘诀。巴甫洛夫只说了八个字："要热诚而且慢慢来。""热诚"，有持久的兴趣才能坚持到成功。"慢慢来"，不要急于求成，做自己力所能及的事情，然后不断提高自己；不要妄想一步登天，要为自己定一个切实可行的目标，有挑战又能达到，不断追求，走向成功。

拿破仑·希尔说过："一个人能够想到一件事并抱有信心，那么他就能实现它。"换句话说，一个人如果有坚定明确的目标，他就能达成这一目标。坚定是说态度，明确是讲对自我的认识程度。每个人都有自己的优点和缺点，有自己的爱好与厌恶，所以每个人所制定的目标也是不一样的。

要根据自己的实际情况，制定自己“跳一跳，够得着”的目标。首先要对自己的实际情况有一个清晰的认识。对自己的能力，潜力，自己的各方面条件都有一个明确的把握，经过仔细考虑定出属于自己的奋斗目标。有些人之所以一生都碌碌无为，是因为他的人生没有目标；有些人之所以总是失败，是由于他的目标总是太大太空，不切实际。因此，想要成功，就要先为自己制定一个奋斗目标，属于自己的“跳一跳，够得着”的奋斗目标。

瓦拉赫效应：成功，要懂得经营自己的长处

经营自己的长处，让人生增值

曾有一个叫奥托·瓦拉赫的人，中学时，父母为他选了文学之路，可一学期下来，老师给他的评语竟为：“瓦拉赫很用功，但过分拘泥，这样的人即使有着完美的品德，也绝不可能在文学上发挥出来。”无奈，他又改学油画，但这次得到的评语更令人难以接受：“你是绘画艺术方面的不可造就之才。”面对如此“笨拙”的学生，大多数老师认为他已成才无望，只有化学老师觉得他做事一丝不苟，这是做好化学实验应有的品格，建议他试学化学。谁料，瓦拉赫的智慧火花一下子被点燃了，并最终成了诺贝尔化学奖的得主……

这就是人们广为传颂的“瓦拉赫效应”。

比尔·盖茨，这位赫赫有名的世界级成功典范，令无数的人仰慕不已。他的成功，与他把握住未来的大趋势，尤其是懂得经营自己的强项密不可分。

事实上，盖茨一开始就与伙伴保罗·艾伦看到了个人电脑将改变整个世界的趋势，他们两个人经常通宵达旦地探讨个人电脑世界将会是什么样子，对这场革命的到来深信不疑。对于初出茅庐的微软来说，“它将到来”是他们的坚定信念，而他们为这将要到来的计算机时代开发软件。虽然他们没想到他们的公司能迅速跻身于世界舞台的前列，并发挥着超凡的作用，但当时他们至少窥见了 IBM 或数字设备公司这样的主板生产公司已陷入他们自身无法意识到的困境了。“我记得从一开始我们就纳闷，像数字设备公司这样的微机生产商生产出的机器功能强大而价格低廉，那么他们的发展前景在哪里呢?”“IBM 的前景又在哪里呢? 在我们看来，他们好像把一切都弄糟了，而且他们的未来也将是一团糟。我们对上帝说，天啊，这些人怎么能不警觉呢? 他们怎么能不震惊害怕呢?”

盖茨的技术知识是微软所向披靡的成功秘诀中最重要的一条，而这也正是他的核心强项，他始终保持着对这一领域的决定权。在许多时候，他比他的对手更清楚地看到了未来科技的走势。

微软公司的同事们都盛赞盖茨的技术知识让他独具优势。他总是能提出正确的问题，他对程序的复杂细节几乎了如指掌。“你会纳闷，他怎么知道的呢?”布莱德·斯利夫伯格这位参加了视窗开发设计的人这么说过。

和盖茨个人以强项打天下的套路几乎如出一辙，微软公司把开发新产品作为全部事业的中心，根据市场需求推陈出新，发挥自身优势，力求变弱为强，深谋远虑，未雨绸缪，牢牢把握住了世界信息产业市场的未来。

微软与任何公司一样，实际上类似于一个动态的人体系统。它之所以能够有效运行，是因为微软人将竞争所需的各种技术能力和市场知识结合起来，并且把它们付诸行动。产品开发是微软所有事业的中心，公司的存亡和盛衰关键在于新产品。

微软还必须源源不断地增添有用功能来说服其成百万的现有顾客购买产品的新版本，虽然旧版本对于绝大多数人已经够用。为了保持市场份额在未来持续增长，微软计划创建种类繁多的、结合先进的多媒体及网络通信技术的消费性产品。显然，微软面临的一个关键问题是公司是否能够继续增进其开发能力，并且建立更大、更复杂的软件产品和以软件为基础的信息服务。就像我们已经指出的那样，微软还必须极大地简化这些中间产品，从而将它们成功地推销给世界上数十亿的新兴家庭消费者。

不言而喻，微软公司今日的成功，很大程度上得益于盖茨准确的市场定位和产品的推陈出新。人们公认微软公司的成功是由于“不停地创新”，而盖茨对未来形势精确的分析和其独有的战略眼光，以及对自己强项的经营程度，不仅为微软公司的员工，也为其对手所称道。

这一切，也正是“瓦拉赫效应”的典型体现，幸运之神就是那样垂青于忠于自己个性长处的人。正如松下幸之助所言：人生成功的诀窍在于经营自己的个性长处，经营长处能使自己的人生增值，否则，必将使自己的人生贬值。

承认缺憾，弥补缺陷

在美国某个学校的一间教室里，坐着一个8岁的小孩，他胆小而脆弱，脸上经常带着一种惊恐的表情。他呼吸时就好像别人喘气一样。

一旦被老师叫起来背诵课文或者回答问题，他就会惴惴不安，而且双腿抖个不停，嘴唇也颤动不安。自然，他的回答时常含糊而不连贯，最后，他只好颓废地坐到座位上。如果他能有副好看的面孔，也许给人的感觉会好一点。但是，当你向他同情地望过去时，你一眼就能看到他那一副实在无法恭维的龅牙！通常，像他这种小孩，自然很敏感，他们会主动地回避多姿多彩的生活，不喜欢交朋友，宁愿让自己成为一个沉默寡言的人。但是，这个小孩却不如此，他虽然有许多的缺憾，然而同时，在他身上也有一种坚韧的奋斗精神，一种无论什么人都可具有的奋斗精神。事实上，对他而言，正是他的缺憾增强了他去奋斗的热忱。他并没有因为同伴的嘲笑而使自己奋斗的勇气有丝毫减弱。相反，他使经常喘气的习惯变成了一种坚定的声响；他用坚强的意志，咬紧牙根使嘴唇不再颤动；他挺直腰杆使自己的双腿不再战栗，以此来克服他与生俱来的胆小和众多的缺陷。

这个小孩就是西奥多·罗斯福。

他并没有因为自己的缺憾而气馁。相反，他还千方百计把它们转化为自己可以利用的资本，并以它们为扶梯爬到了荣誉的顶峰。他用一种方法战胜了自己的缺憾，这种方法是大家都可以用得上的。到他晚年时，已经很少有人知道他曾经有过严重的缺憾，他自己又曾经如何地惧怕过它。美国人民都爱戴他，他成了美国有史以来最得人心的总统之一。

盖茨说："我们尊敬罗斯福，同时，也希望我们能像他一样，为改变自己的命运做些努力。如果我们尝试着去做一件还有点价值的事，假如失败了，我们便借故来掩饰自己，那么我们就是在以自己的缺憾为借口了。"缺憾应当成为一种促使自己向上的激励机制，而不是一种自甘沉沦的理由，它暗示你在它上面应当做一点努力。

重要的并不在于你所做的是什么事，而在于你应当采取某种行动。最不可取的态度是一点事情都不去做，一味让自己躲藏在困难的后面，动不动就被困难吓倒，这很容易让自己滋生一种自卑感，久而久之，就什么事情都不敢去做了。那么，一个人什么时候应当坦然承认自己的缺陷，什么时候又应当去和困难斗争呢？

不言而喻，真正懂得经营自己强项的人是十分明智的，但同时，我们也要学会承认缺憾，弥补缺陷。

【定律链接】经营强项要有条理性

你最大的敌人是你自己。要巧妙经营自己的强项，就要善于管理自我。而要想成功，必须有条理地安排自己的活动，否则你不可能有什么过人的强项，甚至生活会变成一团糟。

某杂志刊载了这样一个故事：有一位老商人在小市镇做了几十年生意，到后来竟然完全失败。当一位债主跑来要债时，那位老商人正在紧皱双眉，思索他失败的原因。

他说："我为什么会失败呢？难道我对顾客不热情、不客气吗？"而债主却劝他从头干起。

"什么？要从头干起？"

"是啊！你应该把你目前的经营情况列在一张资产负债表上，好好清算一下，然后从头做起。"

"你的意思是要我把所有的资产和负债项目详细核算一下，列出一张表格吗？要把门面、地板、桌斤、茶几、橱柜都重新洗刷油漆一番，弄成新开张一样吗？"

"是的！"

"这些事我早在15年前就想去做了，但后来因为我没有下定决心，所以一直没有去做。"

无论你是在大都市里还是小城镇里经营生意，你都应该把物资管理得井井有条，把账目记得清清楚楚——这是最重要的一件事。那些把什么东西都弄得乱七八糟的人，终有一天是要失败的。

经营任何事业千万不要做做停停、停停做做。有许多人往往今天说得头头是道，但明天还是毫无改善。对这种人也可以毫不客气地称之为"莽汉"或"懒猪"。他们哪里知道：没有一样事业仅靠喊口号就能成功的，要成就事业，非得集中心思，有条有理，持之以恒，不断地奋斗不可！

所以，要经营自己的强项，使之达到成功，就要做到有条有理。

木桶定律：抓最“长”的，不如抓最“短”的

克服人性“短板”，避开成事“暗礁”

一位老国王给他的两个儿子一些长短不同的木板，让他们各做一个木桶，并承诺：谁做的木桶装下的水多，谁就可以继承王位。大儿子为把自己的木桶做大，每块挡板都削得很长，可做到最后一条挡板时没有木材了；小儿子则平均地使用了木板，做了一个并不是很高的木桶。结果，小儿子的木桶装的水多，最终继承了王位。

与此类似，遇到问题时，我们若能先解决导致问题的“短板”，便可大大缩短解决问题的时间。

俗话说“人无完人”，确实，人性是存在许多弱点的，如恶习、自卑、犯错、忧虑、嫉妒等等。根据木桶定律，这些短处往往是限制我们能力的关键。就像木桶一样，一个木桶能装多少水，并不是用最长的木板来衡量的，而是要靠最短的木板来衡量，木桶装水的容量受到最短木板的限制，所以，要想让木桶装更多的水，我们必须加长自己最短的木板。

1. 恶习

我们时时刻刻都在无意识地培养着习惯，这令我们在很多情况下都要臣服于习惯。然而，好的习惯可为我们效力，不好的习惯，尤其是恶习（如果拖沓、酗酒等），会在做事时严重拖我们的后腿。所以，我们要学会对自己的习惯分类，对不好的习惯进行改正、完善，以免将成功毁在自己的恶习之中。

2. 自卑

自卑，可以说是一种性格上的缺陷，表现为对自己的能力、品质评价过低。它往往会抹杀我们的自信心，本来有足够的能力去完成学业或工作任务，却因怀疑自己而失败，显得处处不行，

处处不如别人。所以，做事情要相信自己的能力，要告诉自己“我能行”、“我是最棒的”，那样，才能把事情办好，走向成功。

3. 犯错

人们通常不把犯错误看成是一种缺陷，甚至把“失败是成功之母”当成自己的至理名言。殊不知，有两种情况下犯错误就是一种缺陷。一种是不断地在同一个问题上犯错误，另一种是犯错误的频率比别人高。这些错误，或许是因他们态度问题，或许是因他们做事不够细心，没有责任心导致的，但无论哪种，都是成功的绊脚石。因此，平时要学会控制自己，改掉马虎大意等不良习惯，犯错后不要找托辞和借口，懂得正视错误，并加以改正。

4. 忧虑

有位作家曾写道：给人们造成精神压力的，并不是今天的现实，而是对昨天所发生事情的悔恨，以及对明天将要发生事情的忧虑。没错，忧虑不仅会影响我们的心情，而且会给我们的工作和学习带来更大的压力。更重要的是，无休止的忧虑并不能解决问题。所以，我们要学会控制自己的情绪，客观地去看问题，在现实中磨炼自己的性格。

5. 妒忌

妒忌是人类最普遍、最根深蒂固的感情之一。它的存在，总是令我们不能理智地、积极地做事，于是，常导致事倍功半，甚至劳而无功的结果。因此，无论在生活中，还是在工作中，我们都应平和、宽容地对待他人，客观地看待自己。

6. 虚荣

每一个人都有一点虚荣心，但是过强的虚荣心，使人很容易被赞美之词迷惑，甚至不能自持，很容易被对手打败。所以，我们要控制虚荣，摆脱虚荣，正确地认识自己。

7. 贪婪

由于太看重眼前的利益，该放弃时不能放弃，结果铸成大错，甚至悔恨终生。众所周知，很多人因太贪钱财等身外之物而毁了大好前程，有时明知是圈套，却因为抵御不住诱惑而落入陷阱。说到底，不是人不聪明，而是败给了自己的贪欲。可见，要成事，先要找对心态，知足才能常乐。

一位伟人曾经说过：“轻率和疏忽所造成的祸患将超乎人们的想象。”许多人之所以失败，往往是因为他们没有注意到自己成功路上的那块短板，如车祸、建筑工程质量、行贿受贿等。所以，我们要想做好事情，应先学会做人，找到自己成功路上的短板，取长补短，从而摆脱弱点对我们的控制。

找到“阿喀琉斯之踵”，让问题迎刃而解

在希腊神话中，有这样一个意义深刻的故事：

阿喀琉斯是希腊神话中最伟大的英雄之一。他的母亲是一位女神，在他降生之初，女神为了使他长生不死，将他浸入冥河洗礼。阿喀琉斯从此刀枪不入，百毒不侵，只有一点除外——他的脚踵被提在女神手里，未能浸入冥河，于是脚踵就成了这位英雄的唯一弱点。

在漫长的特洛伊战争中，阿喀琉斯一直是希腊人最勇敢的将领。他所向披靡，任何敌人见了他都会望风而逃。

但是，在十年战争快结束时，敌方的将领帕里斯在众神的示意下，抓住了阿喀琉斯的弱点，一箭射中他的脚踵，阿喀琉斯最终不治而亡。

与“阿喀琉斯之踵”类似，任何事情或组织都有它的最薄弱之处，而问题又往往由这里产生。那么，如果我们把这个最薄弱处解决，问题往往就迎刃而解了。

曾有一家刚起步的电子商务公司，采购与销售是两个独立的部门，公司规定两个部门的资料每周沟通 2 次。然而，由于平时业务繁忙，再加上两个部门的员工不能及时交流沟通，总是造成销售人员在认为商品有货源的情况下接受了顾客的订单，

但采购部实际上并不能在短时间内找到相应的货源。于是，顾客不能按时收到商品，公司经常接到投诉和顾客的抱怨，严重影响了业绩和公司的形象。

总经理发现了两个部门缺少沟通这一关键而又薄弱的环节后，为全公司所有员工电脑安装了及时沟通软件，让两个部门的员工能及时沟通。同时，还在公司建立了库存与近期货源一览表。从而避免了原来有单无货的不良现象，既提高了公司的业绩，又提升了公司的形象。

通过这个例子可以看出，如果不能及时解决采销两个部门沟通的这块“短板”，无论销售人员如何努力接订单，对解决问题仍没有实质性的收效。因此，抓住导致问题的短板，并从根本上予以解决，才能使问题迎刃而解。

与此类似的例子还很多，例如，你和竞争对手同时争取一个项目，那么，你就需要了解对方的薄弱之处在哪儿，如何用你的强势攻克对手的薄弱环节；家庭因家电超负荷导致停电，检查电线和电器往往不起丝毫作用，而真正的解决方法应该是修好脆弱的保险丝；孩子成绩不好，解决的方法不是帮他们做题、写作业，也不是用训斥来打击他们幼小的心灵，而是要找到孩子在学习上的薄弱之处，从这里着手，才能从根本上提高孩子的成绩……

木桶定律让我们明白，遇到问题，不要蛮干，要找到导致问题的短板，科学地予以解决，从而达到事半功倍的效果。

艾森豪威尔法则：分清主次，高效成事

做事分等级，先抓牛鼻子

一天，动物园管理员发现袋鼠从笼子里跑出来了，于是开会讨论，大家一致认为是笼子的高度过低。所以他们将笼子由

原来的 10 米加高到 30 米。第二天，袋鼠又跑到外面来，他们便将笼子的高度加到 50 米。这时，隔壁的长颈鹿问笼子里的袋鼠："他们会不会继续加高你们的笼子?"袋鼠答道："很难说。如果他们再继续忘记关门的话!"

事有"本末""轻重""缓急"，关门是本，加高笼子是末，舍本而逐末，当然不见成效了。与之类似，我们常常会看到这样的现象，一个人忙得团团转，可是当你问他忙些什么时，他却说不出个具体来，只说自己忙死了。这样的人，就是做事没有条理性，一会儿做这一会儿做那，结果没一件事情能做好，不仅浪费时间与精力，更没见什么成效。

其实，无论在哪个行业，做哪些事情，要见成效，做事过程的安排与进行次序非常关键。

有一次，苏格拉底给学生们上课。他在桌子上放了一个装水的罐子，然后从桌子下面拿出一些正好可以从罐口放进罐子里的鹅卵石。当着学生的面，他把石块全部放到了罐子里。

接着，苏格拉底向全体同学问道："你们说这个罐子是满的吗?"

学生们异口同声地回答说："是的。"

苏格拉底又从桌子下面拿出一袋碎石子，把碎石子从罐口倒下去，然后问学生："你们说，这罐子现在是满的吗?"

这次，所有学生都不做声了。

过了一会，班上有一位学生低声回答说："也许没满。"

苏格拉底会心地一笑，又从桌下拿出一袋沙子，慢慢地倒进罐子里。倒完后，再问班上的学生："现在再告诉我，这个罐子是满的吗?"

"是的!"全班同学很有信心地回答说。

不料，苏格拉底又从桌子旁边拿出一大瓶水，把水倒在看起来已经被鹅卵石、小碎石、沙子填满了的罐子里。然后又问："同学们，你们从我做的这个实验得到了什么启示?"

话音刚落，一位向来以聪明著称的学生抢答道："我明白，无论我们的工作多忙，行程排得多满，如果要逼一下的话，还是可以多做些事的。"

苏格拉底微微笑了笑，说："你的答案也并不错，但我还要告诉你们另一个重要经验，而且这个经验比你说的可能还重要，它就是：如果你不先将大的鹅卵石放进罐子里去，你也许以后永远没机会再把它们放进去了。"

通过这个故事，我们发现，做事前的规划非常重要。在行动之前，一定要懂得思考，把问题和工作按照性质、情况等分成不同等级，然后巧妙地安排完成和解决的顺序。这样才能收到事半功倍的成效。

这就是艾森豪威尔原则的明智之处。它告诉我们，做事前需要科学地安排，要事第一，先抓住牛鼻子，然后再依照轻重缓急逐步执行，一串串、一层层地把所有的事情拎起来，条理清晰，成效才能显著，不要眉毛胡子一把抓。再如最前面动物园的例子，凡事都有本与末、轻与重的区别，千万不能做本末倒置、轻重颠倒的事情。

艾森豪威尔原则分类法

我们知道了做任何事情，只有事前理清事情的条理，排定具体操作的先后顺序，一切才能流畅地进行，并得到良好的收效。

在这方面，艾森豪威尔原则给出了一些具体的方法，可以帮助我们根据自己的目标，确定事情的顺序。

这一原则将工作区分为 5 个类别：

A：必须做的事情；

B：应该做的事情；

C：量力而为的事情；

D：可委托他人去做的事情；

E：应该删除的工作。

每天把要做的事情写在纸上，按以上5个类别将事情归类：

A：需要做；

B：应该做；

C：做了也不会错；

D：可以授权别人去做；

E：可以省略不做。

然后，根据上面归类，在每天大部分的时间里做A类和B类的事情，即使一天不能完成所有的事情，只要将最值得做的事情做完就好。

同样的道理，把自己1～5年内想要做的事情列出来，然后分为ABC三类：

A：最想做的事情；

B：愿意做的事情；

C：无所谓的事情。

接着，从A类目标中挑出A1、A2、A3，代表最重要、次重要和第三重要的事情。

再针对这些A类目标，抄在另外一张纸上，列出你想要达成这些目标需要做的工作，接着将这份清单再分出ABC等级：

A：最想做的事情；

B：愿意做的事情；

C：做了也不会错的事情。

把这些工作放回原来的目标底下，重新调整结构，规划步骤，接着执行。

这些又被称为六步走方法，即挑选目标、设定优先次序、挑选工作、设定优先次序、安排行程、执行。把这些培养成每天的习惯，长期坚持并贯彻下去，相信，无数个条理性的成功慢慢累积，将会使你拥有非常成功的人生。

现实生活中，很多时候，我们总觉得自己身边有“时间盗贼”，没做多少事情，一天就匆匆过去。忙忙碌碌，年复一年，成绩、业绩却寥寥无几。

有句老话说得好：“自知是自善的第一步。”要想改善现状，首先要找出问题的根源。此刻，请你仔细地考虑一下，到底是什么偷走了你的时间？是什么让你日复一日地感到时间的压力？想明白这些问题，拿起笔和纸，按照艾森豪威尔原则，开始规划你的每一天，让时间不再像以往那样在不知不觉中被偷走。

相关定律：条条大路通罗马，万事万物皆有联系

源自“万事万物皆有联系”的“以此释彼”智慧

哲学认为，万事万物皆有联系，世界上没有孤立存在着的事物。例如，水涨船高，说的是水与船的联系；积云成雨，说的是云与雨的联系；冬去春来，说的是冬季与春季之间的联系……

正是由于事物之间存在这种普遍联系，它们才会相互作用，相互影响。因此，一个问题的解决，往往影响到其周围与之相连的众多事物。这就为我们解决问题带来了很好的启发：在进行创造性思维、寻找最佳思维结论时，可根据其他事物的已知特性，联想到与自己正在寻求的思维结论相似和相关的东西，从而把两者结合起来，达到“以此释彼”的目的。即运用心理学中的相关定律。

在这方面，美国铁路两条铁轨之间标准距离的由来就是最好的例证。

美国的铁路两条铁轨之间的标准距离是4.85英尺。人们对于这个很奇怪的标准非常好奇。美国的铁路原先是由英国人建造的，所以采用了英国的铁路标准4.85英尺。

人们又问：“英国人又为什么要用这个标准呢？”原来英国

的铁路是由建电车的人所设计的，而4.85英尺是电车轨道所用的标准。

那电车的铁轨标准又是从哪里来的呢？原来最先造电车的人以前是造马车的，而他们则是沿用了马车的轮宽标准。

可马车为什么一定要用这个轮距标准呢？因为如果那时候的马车用任何其他轮距的话，马车的轮子很快会在英国的老路上撞坏的。这又是为什么呢？因为这些路上的辙迹的宽度都是4.85英尺。

那么，这些辙迹又是从何而来的呢？答案是古罗马人所制定的，而4.85英尺正是罗马战车的宽度。

于是又会有人问："为什么会选择罗马战车的宽度呢？"因为在欧洲，包括英国的长途老路，都是由罗马人的军队所铺的，所以，如果任何人用不同的轮宽在这些路上行车的话，轮子的寿命都不会长。

最后，人们还会问："罗马人为什么以4.85英尺为战车的轮距宽度呢？"

原因很简单，这是两匹拉战车的马的屁股的宽度……

通过这个经典的实例，我们可以看出，人们想知道美国铁路两条铁轨之间的标准距离是根据什么设计出来的，并不是一下子就在马屁股上找到答案的，而是通过英国铁路、英国电车、马车、老路辙迹、罗马战车、罗马老路等一系列与该问题相关的事物，顺藤摸瓜，最终找到了想要的答案。

其实，由于万事万物无不处于联系之中，我们遇到问题，应学会发散思维，不要总揪住一个点不放，想不通时，不妨找些与问题相关联的事物，从这些相关处着手，利用"以此释彼"的智慧，往往会令你恍然大悟。

做人不要一根筋，做事不要一条路跑到黑

生活中，我们常用"一条路跑到黑"来形容那些一根筋或

钻牛角尖的人。然而，在遇到难题的时候，人们又往往不自觉地成为“一条路跑到黑”的傻瓜。那么，我们如何在难题面前不当傻瓜呢？先看一看下面这个例子：

加拿大伯塔省有一名叫斯考吉的高中女生。为了实现自己到25岁成为百万富翁的誓言，斯考吉从小就喜欢看比尔·盖茨的书，并研究《财富》杂志每年所列全球最富有的100个人。她发现：那些人中，有95%以上的人从小就有发财的欲望，57%的全球巨富在16岁之前就想到了开自己的公司，3%的全球巨富在未成年之前至少做过一桩生意。于是，她得出结论，要致富，就必须从小有赚钱的意识。

在赚钱方面，小斯考吉选择了投资股票。很多投资股票的人，不是盯着电视就是盯着报纸，因为这些媒体都对股市做直接报道。然而，小斯考吉并没有选择这种直接的途径，而是根据证券营业部门口的摩托车数量决定该股是抛售还是买进。

例如，她专盯一家钢铁企业的股票。当这家企业股票下跌到4美元以下时，某证券营业部门口的摩托车便多起来，过一段时间，股价又涨了回去；当这只股票涨到8美元左右时，该证券营业部门口的摩托车又会开始多起来，接下去，该股必跌。期间，她经过调查发现，该企业的工人们不愿意看到工厂的股票下跌，每次股价太低时，他们就自发地去买进一些股票，从而带动股价上升；当上升到一定高位后，工人们便抛售股票，致使该股下跌。

就是这样，小斯考吉借助工人们往返证券营业部的摩托车的数量的变化，采取抛售或买进的举措，取得了不小的收获。

通过这个事例我们可以看出，小斯考吉巧妙利用相关定律，从与股市相关的抛买人群的行动变化下手，反而比那些只知道盯着直接报道股市的媒体的人们更有收效。

与此类似，我们在日常生活中会遇到很多棘手的问题，这些问题往往让人不知如何处理。于是，有的人在困难面前驻足不前，绞尽脑汁也想不出什么好方法；而有的人转换思维，从与之相关的事情着手，很快使问题迎刃而解。

所以，我们平时要大力培养自己洞察事物间相关性的能力，抓住事物和问题的关键，合理利用相关定律寻求解决方法，不做“一条路跑到黑”的傻瓜。其中，培养自己的洞察能力，一方面要虚心，绝不视任何主意为无用，倾听跟你不同的观点，任何人都有东西值得你学习；另一方面，训练你的思想来为你工作，让你的脑子做你要它做的事，而且当你要它做的时候才做。此外，还要培养自己的好奇心，对不懂的事提出问题来，训练你的想象力。

奥卡姆剃刀定律：把握关键，化繁为简

“简单”，真正的大智慧

近几年，随着人们认识水平的不断提高，“精兵简政”、“精简机构”、“删繁就简”等一系列追求简单化的观念在整个社会不断深入和普及。根据奥卡姆剃刀定律，这正是一种大智慧的体现。

如今，科技日新月异，社会分工越来越精细，管理组织越来越完善化、体系化和制度化，随之而来的，还有不容忽视的机械化和官僚化。于是，文山会海和繁文缛节便不断滋生。可是，国内外的竞争都日趋激烈，无论是企业还是个人，快与慢已经决定其生死。如同在竞技场上赛跑，穿着水泥做的靴子却想跑赢比赛，肯定是不可能的。因此，我们别无选择，只有脱掉水泥靴子，比别人更快、更有效率，领先一步，才能生存。换言之，就是凡事要简单化。

很多人会问：“简单能为我们带来什么呢?”看了下面的例子，我们自然就会明白。

有人曾经请教马克·吐温："演说词是长篇大论好呢？还是短小精悍好？"他没有正面回答，只讲了一件亲身感受的事："有个礼拜天，我到教堂去，适逢一位传教士在那里用令人动容的语言讲述非洲传教士的苦难生活。当他讲了5分钟后，我马上决定对这件有意义的事捐助50元；他接着讲了10分钟，此时我就决定将捐款减到25元；最后，当他讲了1个小时后，拿起钵子向听众请求捐款时，我已经厌烦之极，1分钱也没有捐。"

在上面马克·吐温的例子中，我们发现，他通过自身的经历，向求教者说明：短小精悍的语言，其效果事半功倍；而冗长空泛的语言，不仅于事无益，反而有碍。

事实上，不仅语言如此，现实生活亦同样如此。这就要求我们要学会简化，剔除不必要的生活内容。这种简化的过程，就如同冬天给植物剪枝，把繁盛的枝叶剪去，植物才能更好地生长。每个园丁都知道不进行这样的修剪，来年花园里的植物就不能枝繁叶茂。每个心理学家都知道如果生活匆忙凌乱，为毫无裨益的工作所累，一个人很难充分认识自我。

为了发现你的天性，亦需要简化生活，这样才能有时间考虑什么对你才是重要的。否则，就会损害你的部分天资，而且极有可能是最重要的一部分。

那么，我们如何来实现这种简化呢？很简单，就是重新审视你所做的一切事情和所拥有的一切东西，然后运用奥卡姆剃刀，舍弃不必要的生活内容。

博恩·崔西是美国著名的激励和营销大师，他曾与一家大型公司合作。该公司设定了一个目标：在推出新产品的第一年里实现100万件的销售量。该公司的营销精英们开了8个小时的群策会后，得出了几十种实现100万件销售量的不同方案。每一种方案的复杂程度都不同。这时，博恩·崔西建议他们在这个问题上应用奥卡姆剃刀原理。

他说："为什么你们只想着通过这么多不同的渠道，向这么多不同的客户销售数目不等的新产品，却不选择通过一次交易向一家大公司或买主销售100万件新产品呢?”

当时整个房间内鸦雀无声，有些人看着博恩·崔西的表情就像在看一个疯子。然后有一名管理人员开口说话了：“我知道一家公司，这种产品可以成为他们送给客户的非常好的礼物或奖励，而他们有几百万客户。”

最后，根据这一想法，他们得到了一笔100万件产品的订单。他们的目标实现了。

可见，不论你正面临什么问题或困难，都应当思考这样一个问题：“什么是解决这个问题或实现这个目标的最简单、最直接的方法?”你可能会发现一个简便的方法，为你实现同一目标节约大量的时间和金钱。记住苏格拉底的话：“任何问题最可能的解决办法是步骤最少的办法。”正如奥卡姆剃刀定律所阐释的，我们不需要人为地把事情复杂化，要保持事情的简单性，这样我们才能更快更有效率地将事情处理好。

与此相关的，还有一个非常有趣的故事：

日本最大的化妆品公司收到客户抱怨，买来的肥皂盒里面是空的。他们为了预防生产线再次发生这样的事情，工程师想尽办法发明了一台X光监视器去透视每一台出货的肥皂盒。同样的问题也发生在另一家小公司，他们的解决方法是买一台强力工业用电扇去吹每个肥皂盒，被吹走的便是没放肥皂的空盒。

面对同样的问题，两家公司采用的是两种截然不同的办法。无论从经济成本方面，还是资源消耗角度，相信第二种方案的优势都是不言而喻的。这个例子给了我们一个深刻的启示：如果有多个类似的解决方案，最简单的选择，就是最智慧的选择。

所以，在现实生活中，当遇到问题时，我们要勇敢地拿起“奥卡姆剃刀”，把复杂事情简单化，以选择最智慧的解决方案。

剃掉复杂，切勿乱删

相传，有位科学家带着自己的一个研究成果请教爱因斯坦。爱因斯坦随意地看了一眼最后的结论方程式，就说："这个结果不对，你的计算有问题。"科学家很不高兴："你过程都不看，怎么就说结果不对?"爱因斯坦笑了："如果是对的，那一定是简单的，是美的，因为自然界的本来面目就是这样的。你这个结果太复杂了，肯定是哪里出了问题。"

这个科学家将信将疑地检查自己的推导，果然如爱因斯坦所言，结果不对。

也许你认为奥卡姆剃刀只存在于天才的身边，其实，它无处不在，只是有待人们把它拿起。当我们绞尽脑汁为一些问题烦恼时，试着摒弃那些复杂的想法，也许会立刻看到简单的解决方法。人生的任何问题，我们都可运用奥卡姆剃刀。奥卡姆剃刀是最公平的，无论科学家还是普通人，谁能有勇气拿起它，谁就是成功的人。

越复杂越容易拼凑，越简单就越难设计。在服装界有"简洁女王"之称的简·桑德说："加上一个扣子或设计一套粉色的裙子是简单的，因为这一目了然。但是，对简约主义来说，品质需要从内部来体现。"她认为，简单不仅仅是摈除多余的、花哨的部分，避免喧嚣的色彩和繁琐的花纹，更重要的是体现清纯、质朴、毫不造作。

但需要注意的是，这里所谓的"简单"，不是乱砍一气，而是在对事物的规律有深刻的认识和把握之后的去粗取精，去伪存真。

正如一个雕刻家，能把一块不规则的石头变成栩栩如生的人物雕像，因为他胸中有丘壑。如果你抓不住重点，找不到要害，不知道什么最能体现内在品质，运用剃刀的结果只能是将不该删除的删除了。

那么，我们要合理地使用奥卡姆剃刀，不能盲目。例如，IBM在电脑产品营销中具有得天独厚的优势，如其前CEO郭士纳所指，他们具有非常有优势的集成能力。然而，其广告宣传语却将这一点删掉了，留下推广小型电脑的“小行星问题的解决方法”。结果，IBM自然未能凭这则广告获得区别于其他电脑的地位。可见，没有什么比删掉自己的优势更可悲了。

所以，在我们使用奥卡姆剃刀时，要将其用在恰当的位置上，而不是盲目乱删。

墨菲定律：与错误共生，迎接成功

不存侥幸心理，从失败中汲取教训

众所周知，人类即使再聪明也不可能把所有事情都做到完美无缺。正如所有的程序员都不敢保证自己在写程序时不会出现错误一样，容易犯错误是人类与生俱来的弱点。这也是墨菲定律一个很重要的体现。

想取得成功，我们不能存有侥幸心理，想方设法回避错误，而是要正视错误，从错误中汲取经验教训，让错误成为我们成功的垫脚石。关于这一点，丹麦物理学家雅各布·博尔就是最好的证明。

一次，雅各布·博尔不小心打碎了一个花瓶，但他没有像一般人那样一味地悲伤叹惋，而是俯身精心地收集起了满地的碎片。

他把这些碎片按大小分类称出重量，结果发现：10～100克的最少，1～10克的稍多，0.1克和0.1克以下的最多；同时，这些碎片的重量之间表现为统一的倍数关系，即较大块的重量是次大块重量的16倍，次大块的重量是小块重量的16倍，小块的重量是小碎片重量的16倍……

于是，他开始利用这个“碎花瓶理论”来恢复文物、陨石等不知其原貌的物体，给考古学和天体研究带来意想不到的效果。

事实上，我们主要是从尝试和失败中学习，而不是从正确中学习。例如，超级油轮卡迪兹号在法国西北部的布列塔尼沿岸爆炸后，成千上万吨的油污染了整个海面及沿岸，于是石油公司才对石油运输的许多安全设施重加考虑。还有，在三里岛核反应堆发生意外后，许多核反应过程和安全设施都改变了。

可见，错误具有冲击性，可以引导人想出更多细节上的事情，只有多犯错，人们才会多进步。假如你工作的例行性极高，你犯的错误就可能很少。但是如果你从未做过此事，或正在做新的尝试，那么发生错误在所难免。发明家不仅不会被成千的错误击倒，而且会从中得到新创意。在创意萌芽阶段，错误是创造性思考必要的副产品。正如耶垂斯基所言：“假如你想打中，先要有打不中的准备。”

现实生活中，每当出现错误时，我们通常的反应都是：“真是的，又错了，真是倒霉啊!”这就是因为我们以为自己可以逃避“倒霉”、“失败”等，总是心存侥幸。殊不知，错误的潜在价值对创造性思考具有很大的作用。

人类社会的发明史上，就有许多利用错误假设和失败观念来产生新创意的人。哥伦布以为他发现了一条到印度的捷径，结果却发现了新大陆；开普勒发现了行星间引力的概念，却是偶然间由错误的理由得到的；爱迪生也是知道了上万种不能做灯丝的材料后，才找到了钨丝……

所以，想迎接成功，先放下侥幸心理，加强你的“冒险”力量。遇到失败，从中汲取经验，尝试寻找新的思路、新的方法。

从哪里跌倒，就从哪里爬起来

英国小说家、剧作家柯鲁德·史密斯曾说过："对于我们来说，最大的荣幸就是每个人都失败过。而且每当我们跌倒时都能爬起来。"成功者之所以成功，只不过是他不被失败左右而已。

1927年，美国阿肯色州的密西西比河大堤被洪水冲垮，一个9岁的黑人小男孩的家被冲毁，在洪水即将吞噬他的一刹那，母亲用力把他拉上了堤坡。

1932年，男孩8年级毕业了，因为阿肯色的中学不招收黑人，他只能到芝加哥就读，但家里没有那么多钱。那时，母亲做出了一个惊人的决定——让男孩复读一年，她给50名工人洗衣、熨衣和做饭，为孩子攒钱上学。

1933年夏天，家里凑足了那笔费用，母亲带着男孩踏上火车，奔向陌生的芝加哥。在芝加哥，母亲靠当佣人谋生。男孩以优异的成绩读完中学，后来又顺利地读完大学。1942年，他开始创办一份杂志，但最后一道障碍是缺少500美元的邮费，不能给订户发函。一家信贷公司愿借贷，但有个条件，得有一笔财产作抵押。母亲曾分期付款好长时间买了一批新家具，这是她一生最心爱的东西，但她最后还是同意将家具作为抵押。

1943年，那份杂志获得巨大成功。男孩终于能做自己梦想多年的事了：将母亲列入他的工资花名册，并告诉母亲，她算是退休工人，再不用工作了。母亲哭了，那个男孩也哭了。

后来，在一段反常的日子里，男孩经营的一切仿佛都坠入谷底，面对巨大的困难和障碍，男孩感到已无力回天。他心情忧郁地告诉母亲："妈妈，看来这次我真要失败了。"

"儿子，"她说，"你努力试过了吗？"

"试过。"

"非常努力吗？"

“是的。”

“很好。”母亲果断地结束了谈话，“无论何时，只要你努力尝试，就不会失败。”

果然，男孩渡过了难关，攀上了事业新的巅峰。这个男孩就是驰名世界的美国《黑人文摘》杂志创始人、约翰森出版公司总裁、拥有3家无线电台的约翰·H.约翰森。

事实上，得失本来就不是永恒的，是可以相互转化的矛盾共同体。记得有一本杂志曾归纳出关于失败的优胜可能：

失败并不意味着你是一位失败者——失败只是表明你尚未成功。

失败并不意味着你一事无成——失败表明你得到了经验。

失败并不意味着你是一个不知灵活性的人——失败表明你有非常坚定的信念。

失败并不意味着你要一直受到压抑——失败表明你愿意尝试。

失败并不意味着你不可能成功——失败表明你也许要改变一下方法。

失败并不意味着你比别人差——失败只表明你还有缺点。

失败并不意味着你浪费了时间和生命——失败表明你有理由重新开始。

失败并不意味着你必须放弃——失败表明你还要继续努力。

失败并不意味着你永远无法成功——失败表明你还需要一些时间。

失败并不意味着命运对你不公——失败表明命运还有更好的给予。

那么，期待成功的你，不要再被一时的失败左右了，在哪里跌倒，就在哪里爬起来吧！

第二章　职场行为学准则

蘑菇定律：新人，想成蝶先破茧

职场起步，切勿过早锋芒毕露

众所周知，蘑菇长在阴暗的角落，得不到阳光，也没有肥料，自生自灭，只有长到足够高的时候才开始被人关注。

这种经历，对于成长中的职场年轻人来说，就像蛹，是化蝶前必须经历的一步。只有承受这些磨难，才能成为展翅的蝴蝶。初涉职场的新人，不仅要承受住“蘑菇”阶段的历练，还要注意不能过早地锋芒毕露。

有一位图书情报专业毕业的硕士研究生被分到上海的一家研究所，从事标准化文献的分类编目工作。

他认为自己是学这个专业的，比其他人懂得多，而且刚上班时领导也以“请提意见”的态度对他。于是工作伊始，他便提出了不少意见，上至单位领导的工作作风与方法，下至单位的工作程序、机制与发展规划，都一一列举了现存的问题与弊端，提出了周详的改进意见。对此领导表面点头称是，其他人也不反驳，可结果呢，不但现状没有一点儿改变，他反倒成了一个处处惹人嫌的主儿，还被单位掌握实权的某个领导视为狂妄、骄傲，一年多竟没有安排他做什么具体活儿。

后来，一位同情他的老太太悄悄对他说：“小王啊，你还是换个单位吧，在这儿你把所有的人都得罪了，别想有出息。”

于是，这位研究生闭上了嘴。一段时间后，他发觉所有的人都在有意无意地为难他，连正常的工作都没有人支持他，他只好“炒领导的鱿鱼”，离开了。

临走时，领导拍着他的肩头：“太可惜了！我真不想让你走，我还准备培养你当我的接班人哩！”

那位研究生一边玩味着“太可惜”三个字，一边苦笑着离去。

在现实社会中，与这位研究生一样的年轻人并不少见。他们处世往往不留余地，锋芒毕露，有十分的才能与聪慧，就要表露出十二分。殊不知，职场有职场的游戏规则，你如果想在职场有所作为，就要先适应这里的游戏规则，实力壮大、羽翼丰满之后，再通过你的能力来制定新的游戏规则，否则，你一定会被碰得头破血流，留下“壮志未酬身先死”的怨叹。

小说《一地鸡毛》中描写到，主人公小林夫妇都是大学生，很有事业心，努力、奋发，有远大的理想。二人志向高得连单位的处长、局长，社会上的大小机关都不放在眼里，刚刚工作就锋芒毕露。于是，两人初到单位，各方面关系都没处理好，而且因为一开始就留下了“伤疤”，后来的日子也经常是磕磕碰碰。说到底，夫妇俩都败给了自己的职场第一步。

中国有一个成语叫“大智若愚”，行走职场，必要的时候，你一定要学会做一个“愚人”来保全自己，这往往能让你以不变应万变。

做“蘑菇”该做的事，以智慧突破“蘑菇”境遇

曾有人说过这样一番话：“一个人既然已经经历‘蘑菇’的痛苦，哭也好，骂也好，对克服困难毫无帮助，只能是挺住，你没有资格去悲观。因为，此时假如你自己不帮助自己，还有谁能帮助你呢？”

这句话说明了一个很重要的道理：正因身处“蘑菇”境遇，

你得比别人更加积极。谁都知道，想做一个好“蘑菇”很难，但那又能怎样呢？如果只是一味地强调自己是“灵芝”，起不了多大作用，结果往往是“灵芝”未当成，连“蘑菇”也没资格做了。

所以，你想要突破“蘑菇”的境遇，使自己从“蘑菇堆”里脱颖而出，在最开始就要做好“蘑菇”该做的事，用智慧去突破“蘑菇”境遇。

你要学会从工作中获得乐趣，而不仅仅是按照命令被动地工作。确立自己的人生观，根据你自己的做事原则，恰如其分地把精力投入工作中。要想让企业成为一个对你来说有乐趣的地方，只有靠你自己努力去创造、去体验。

身为新人，工作中你要注意礼貌问题。也许你觉得这样是在走形式，但正因为它已经形式化了，所以你更需要做到，从而建立良好的人际关系。记得有这样一句话：礼貌这东西就像旅途使用的充气垫子，虽然里面什么也没有，却令人感觉舒适。记住：有礼貌不一定是智慧的标志，可是不礼貌会被人认为愚蠢。

常言道：少说话，多做事，这对新人更是适用。每一个刚开始工作的年轻人都要从最简单的工作做起。如果你在开始的工作中就满腹牢骚、怨气冲天，那么你就会对工作草率行事，从而有可能导致错误的发生；或者本可以做得更好，却没有做到，这会使你在以后的职务分配中很难得到你本可以争取到的工作。

还有，毕业后一旦走向社会，会发现梦想与现实总是存在很大的差距。当你到了一个并不满意的公司，或者在某个不理想的岗位，做着也许很没劲甚至很无聊的工作时，肯定会产生前途茫然的感觉，如果收入又不理想，你肯定会郁闷万分，此时实际上就是蘑菇定律在考验你的适应能力。达尔文的话是最好的忠告：要想改变环境，必须先适应环境，别等环境来适应你。

时刻记住，人可以通过工作来学习，可以通过工作来获取经验、知识和信心。你对工作投入的热情越多，决心越大，工作效率就越高。当你抱有这样的热情时，上班就不再是一件苦差事，工作就会变成一种乐趣，就会有许多人聘请你做你喜欢做的事。

正如罗斯·金所言："只有通过工作，你才能保证精神的健康，在工作中进行思考，工作才是件愉快的事情。两者密不可分。"处于"蘑菇"阶段的年轻人，快沉下心来，以你的智慧与能力在职场破茧成蝶吧！

自信心定律：出色工作，先点亮心中的自信明灯

丢掉第 6 份工作引发的职场思考

"难道我真的一无是处，是个没用的人？"刚刚失去第 6 份工作的李磊（化名）想起 3 年来在工作中的点点滴滴，对自己彻底失去了信心。

他说，前几天刚被老板辞退，这已经是他毕业 3 年来的第 6 份工作了。他自己觉得，不自信是丢掉工作的主要原因。原来，1 周前李磊到一家牙科诊所应聘，老板问他是什么学历，因为害怕老板嫌弃自己的学历低，李磊便谎称是本科学历，而实际上他是大专学历。本以为老板只是问问学历，没想到上班之后，老板天天要他拿出学历证书。再也瞒不过去的李磊只得向老板吐露了实情，结果第 2 天老板就以"为人不诚实"将他辞退了。

"一家私人诊所可能也不会太在乎学历，我毕业 3 年了，有实践经验，这对老板来说可能比学历更为重要。"李磊很后悔当初不自信，没有对老板说实话。

李磊的经历给我们带来了深刻的思考：职场上，自信心对于一个人很重要。要想老板看重你，首先要自己看重自己。

客观上来说，一个人有没有自信，来源于对自己能力的认识。充满自信就意味着对自己“信任”、欣赏和尊重，意味着对工作胸有成竹、很有把握。

未来学家弗里德曼在《世界是平的》一书中预言：“21世纪的核心竞争力是态度。”这就是在告诉我们，积极的心态是个人决胜未来最为根本的心理资本，是纵横职场最核心的竞争力。

所谓的积极心态，自信心当然是非常重要的一部分。一个失去自信的人，就是在否定自我的价值，这时思维很容易走向极端，并把一个在别人看来不值一提的问题放大，甚至坚定地相信这就是阻碍自己进步的唯一障碍，自然就很难有出类拔萃的成就了。

事实上，工作中若能时刻保持一种积极向上的自信心态，即使遇到自己一时无法解决的困难，也会保持一种主动学习的精神，而这种内在的、自发的主动进取，往往会让我们把事情做得更好。

美国成功学院对1000名世界知名成功人士的研究结果表明，积极的心态决定了成功的85%！对比一下身边的人和事，我们不难发现，很多自信的人工作起来都非常积极、有把握，并且取得了出色的工作业绩；而那些总认为“我不行”“做不了”“我就这水平了”的人，尽管有过多年的工作经历，但工作始终没有什么起色。

所以，在职业生涯中，必须充满自信。自信心是源自内心深处、让你不断超越自己的强大力量，它会让你产生毫无畏惧、战无不胜的感觉，这将使你工作起来更加积极。

自信飞扬，做职场冠军

在工作中，我们常会遇到这样的情况：挫折袭来，有的人始终不能产生足够的自信心，从而一蹶不振；有的人却能在焦虑和绝望后迅速产生强大的自信心，从而拼劲十足地实现目标。

其实，产生这种差异并不完全是由先天因素决定的，往往是因为前者平时不注重自信心的树立；后者却懂得经过长期的自我训练，增强自信心。

无论从事什么职业，自信都能给人以勇气，使你敢于战胜工作中的一切困难。工作上，谁都愿意自己出类拔萃，这就要求我们必须挑战人生，要挑战就必须以充满自信为前提，如果我们连自信心都没有，能做好什么事呢？

大家都知道毛遂自荐的故事，正因为毛遂有极强的自信心，所以才敢向平原君推荐自己，并最终出色地完成了任务。

美国思想家爱默生说："自信是煤，成功就是熊熊燃烧的烈火。"对于成功人士来说，自信心是必不可少的。据说，今日资本集团总裁徐新当初之所以选择投资网易，正是因为网易创始人丁磊的自信。

丁磊毕业于电子科技大学，毕业后被分配到宁波市电信局。这是一份稳定的工作，但丁磊无法接受那里的工作模式和评价标准，自信的他从电信局辞职："这是我第一次开除自己。有没有勇气迈出这一步，将是人生成败的一个分水岭。"

因为自信，丁磊在两年内3次跳槽，最终在1997年决定自立门户。后来，丁磊和徐新在广州一家狭小的办公室见面。徐新主动问他一些问题："网易在行业内的情况怎么样？"

"我们会是第一。"丁磊毫不犹豫地这么回答。客观上讲，1999年初，网易刚向门户网站迈进，与新浪、搜狐相比，还只是一个刚刚崭露头角的小网站。

徐新当然知道当时的网易不是门户网的第一，但觉得丁磊很有上进心，而不是吹牛—是有实质的自信。"我觉得企业家有这种精神是很重要的，你有这么一个理想跟雄心去做行业排头兵。我投的就是你的这个自信。"

通过丁磊的经历，我们可以肯定地说：充分的自信是创立事业、成就价值的重要素质。

既然自信心如此重要，那么，我们要怎样做才能树立自信心呢?

首先，在平时的工作中要不断地学习，不断地提升自己。阿基米德说过：“给我一个支点和一根足够长的杠杆，我就能撬动整个地球。”有如此的自信，那是因为他深入掌握科学的原理。关羽之所以敢独自一人去东吴赴会，是因为他深知自己的本领……正所谓“有了金刚钻，才敢揽瓷器活”。

其次，要有一定的耐心和毅力。有些事情不是一朝一夕就能做好的，需要我们持之以恒地努力。要用长远的目光看待目前遇到的困境，相信我们有能力去解决它，相信自己，最后的成功必定是我们的。

最后，不要总想着自己的缺点，要时刻告诉自己“我是最棒的”、“我是优秀的”。每个人都有缺点，完美无缺的人是不存在的，对自身的缺点不要念念不忘。要知道，别人往往并不那么在意你的缺点，要相信自己，相信自己是最棒的、最优秀的。

青蛙法则：居安思危，让你的职场永远精彩

生于忧患，死于安乐

19世纪末，美国康奈尔大学进行了一个有趣的实验：他们将一只青蛙扔进一个沸腾的大锅里，青蛙一接触到沸水，便立即触电般地跳到锅外，死里逃生。实验者又把这只青蛙丢进一个装满凉水的大锅，任其自由游动，然后用小火慢慢加热。随着温度慢慢升高，青蛙并没有跳出锅去，而是被活活煮死。

前面“蛙未死于沸水而灭顶于温水”的结局，很是耐人寻味。若是锅中之蛙能时刻保持警觉，在水温刚热之时迅速跃出，

也为时不晚，就不至于落得被煮死的结局。这就让我们想起了孟子曾说过的一句话：“生于忧患，死于安乐。”

一个人如果丧失了忧患意识，那么，就会像被水煮的青蛙一样，在麻木中“死亡”。所以，在从初涉职场到工作干练的渐变过程中，我们要保持清醒的头脑和敏锐的感知，对新变化做出快速的反应。不要贪图享受，安于现状，否则当你意识到环境已经使自己不得不有所行动的时候，你也许会发现，自己早已错过了行动的最佳时机，等待你的只是悲哀、遗憾和无法估计的损失。

漫漫职场路，我们都希望自己能一帆风顺，不希望遇到忧患与危机。但客观上讲，忧患与危机并不是什么可怕的魔鬼，当它们出现在我们面前时，往往能激发潜伏在我们生命深处的种种能力，并促使我们以非凡的意志做成平时不能做的大事。所以，与其在平庸中浑浑噩噩地生活，不如勇敢地承受外界的压力，过一种更有创造力的生活。

拿破仑在谈到他手下的一员大将马塞纳时曾说：“平时，他的真面目是不会显现出来的，可当他在战场上看到遍地的伤兵和尸体时，那种潜伏在他体内的‘狮性’就会在瞬间爆发，他打起仗来就会勇敢得像恶魔一样。”

再如拿破仑本人，如果年轻时没有经历过窘迫而绝望的生活，也就不可能造就他多谋刚毅的性格，他也就不会成为至今为人们所景仰的英雄人物。贫穷低微的出身、艰难困顿的生活、失望悲惨的境遇，不仅造就了拿破仑，还造就了历史上的许多伟人。例如，林肯若出生在一个富人家的庄园里，顺理成章地接受了大学教育，他也许永远不会成为美国总统，也永远不会成为历史上的伟人。正是有了那种与困境作斗争的经历，使他们的潜能得以完全爆发，从而发现自己的真正力量。而那些生活在安逸舒适中的人，他们往往不需要付出太多努力，也不需要个人奋斗就能达到目的，所以，潜伏在他们身上的能量就会被“遗忘”、“湮没”。

当今世界上，有许多人都把自己的成功归功于某种障碍或缺陷带来的困境。如果没有障碍或缺陷的刺激，也许他们只能挖掘出自己20%的才能，正因为有了这种强烈的刺激，他们另外80%的才能才得以发挥。

所以，身处今天快节奏、不断变幻的职场，我们要懂得居安思危。要知道，危机并不代表灭亡，而恰恰可能是一种契机。我们经由这些危机，往往会发现自己真正的价值所在，激发出深藏于心的巨大力量，从而使人生更加精彩。

在自危意识中前进

我们都知道，未来是不可预测的，人也不可能天天走好运。正因为这样，我们更要有危机意识，在心理上及实际行为上有所准备，以应付突如其来的变化。有了这种意识，或许不能让问题消弭，却可把损害降低，为自己打开生路。

常言道，一个国家如果没有危机意识，迟早会出问题；一个企业如果没有危机意识，迟早会垮掉；一个人如果没有危机意识，也肯定无法取得新的进步。

那么，我们具体该如何在竞争激烈的职场中提升自己的危机意识呢？下面，来看看闻名于世的波音公司的一个有趣做法。

波音公司以飞机制造闻名于世。为了提升员工的忧患意识，一次，公司别出心裁地摄制了一部模拟倒闭的电视片让员工观看：

在一个天空灰暗的日子，公司高高挂着“厂房出售”的招牌，扩音器传来“今天是波音公司时代的终结，波音公司关闭了最后一个车间”的通知，全体员工一个个垂头丧气地离开工厂……

这个电视片使员工受到了巨大震撼，强烈的危机感使员工们意识到：只有全身心投入生产和革新中，公司才能生存，否则，今天的模拟倒闭将成为明天无法避免的事实。

看完模拟电视片，员工们都以主人翁的姿态，努力工作，不断创新，使波音公司始终保持着强大的发展后劲。

事实上，波音公司的这种做法不仅对企业有深刻启示，对于行走职场的个人来说，同样具有一定的借鉴作用。

在工作中，我们也应该像波音公司的员工那样，时刻提醒自己：只有全身心投入生产和革新中，公司才能生存，我们才有机会发展，否则，终将难逃被淘汰的事实。

当今社会的快节奏和激烈的竞争，令很多人在 35 岁时遇到这样一个困惑：为什么多年来我一事无成？接下来的岁月我应该做些什么？在机会面前，许多人不敢贸然决定。因为他们从心理上理解了人生的有限，而自己也开始重新衡量事业和家庭生活的价值，于是产生了职业生涯危机。这就是著名的“35 岁危机论”。

罗伯特先生 35 岁，自言感觉过去对工作、对自己的认识似乎有错误，而自己长期养成的行为习惯好像变成了事业的绊脚石。想改变自己，又不忍心否定过去；想改变生活方式，又担心选择的并不是最适合自己的。两年前，他终于下定决心放弃了某公司副经理的职位，参加 MBA 考试并重回校园深造。

现在，完成学业的罗伯特先生在找工作时却犯了难。罗伯特先生业已投出上百份简历，但有回音者寥寥无几。罗伯特先生说，自己并不要求高起点的薪金，而只要求一个管理类的工作职位。然而他发现，“社会上已经人满为患”。

罗伯特先生曾读过一篇题目为《35 岁，你还会换工作吗》的文章，文中专家说：“社会对 35 岁以上的求职者提出了较高的要求，必须通过不断学习和更新知识，提高自身竞争力。”对此罗伯特先生很纳闷：我正是为了完善自己才去学习，为什么反而让社会把自己挤了出去呢？

其实，像罗伯特先生这种工作以后又重返课堂充电，充电后再找工作重新迎接社会的挑战，已不仅仅是35岁的人才会面临的境况。有人甚至感叹："不充电是等死，怎么充了电变成找死啦?"

最关键的一点是：我们要明白，人生的经历是积累的，不要以为学习充电后就无须面临社会"物竞天择，适者生存"的自然选择。以前的经历是你的宝贵财富，但这并不能让你在职场上永操胜券。千万不要有一劳永逸的期待，要时刻保持危机意识，告诉自己"一定要快跑，不够优秀在什么时候都会被淘汰"。

鸟笼效应：埋头苦干要远离引人联想的"鸟笼"

远离让人欲罢不能的"鸟笼"，不让老板怀疑你

心理学家詹姆斯有天与好友卡尔森打赌，说："我敢保证，不久后你会养一只小鸟!"卡尔森一听，觉得很荒唐，就笑着说："你在开玩笑吧? 我从来就没有过这种想法。"

几天后，卡尔森过生日，朋友们都来为他庆祝。詹姆斯也来了，还带了一只精致的鸟笼作为生日礼物。

卡尔森接过鸟笼，想起几天前詹姆斯说的话，就会意地笑笑说："好你个詹姆斯，你还真想让我养鸟啊? 可惜，最后你肯定会失望的。不过，还是要谢谢你的鸟笼，我很喜欢它。"说完便将鸟笼挂在了自己的书桌旁。

从此以后，来拜访卡尔森的客人，都会问他同一个问题："教授，您养的鸟死了吗?"而且每位客人与他谈话的时候，都会提一些与鸟相关的话题，比如告诉他养鸟的知识，委婉地规劝他养鸟需要责任心和爱心，还有养鸟时的一些注意事项等。每当此时，卡尔森就一遍一遍地向客人解释——他从未养过鸟，

不过客人们都不相信，反而认为他心理出现了问题。

卡尔森百口莫辩，有苦难言。想扔了这鸟笼，又不舍得，它那么漂亮而且还是别人送的礼物；不扔这鸟笼，又惹出那么多恼人的猜测，莫须有的事端。想来想去，万般无奈之下，他只好沿着詹姆斯的预测走，买了一只鸟儿放在笼子里，这总比整天解释和被人误解好多了。

这就是著名的“鸟笼效应”，詹姆斯用他的心理学知识涮了好友一把。

其实，“鸟笼效应”在我们的生活、工作中会常常遇到。人们总是不自觉地在自己的心里先挂上一只“鸟笼”，再不由自主地往笼子里放“小鸟儿”。

人们大部分情况下很难亲眼看到事情的真相，所以很多事情，都会靠着常规思路进行推理。你认为努力工作的人就应该天天加班，而更多的人却觉得工作量正常还每天加班那就是为了占用公司的资源。如果你给同事、老板留下这样的印象，那你可就惨了。

刘季是从一家小公司转过来的。在小公司的时候，公司的老板每天都加班到很晚，所以作为老板得力助手的刘季自然也就养成了每天加班的习惯。到了新公司后，刚刚熟悉业务，为了能更好地胜任自己的工作，他依然坚持着每天加班到很晚的习惯。可是这家公司的风气与以前的小公司不同，这里的员工和老板没有加班的习惯。所以，同事们发现刘季每天加班到很晚后，都感到很奇怪。每天的工作量也不大，上班时间完全可以完成，为什么他还要每天加班到很晚呢？同事们开始议论纷纷。“他是不是为了给自己家省点电，或者省点网费？”“可能是为了晚上用公司的电话打私人电话。”“也有可能是利用公司的资源干私活。”……很快，老板也知道了这件事。他的第一直觉也是：这个人到底每天晚上加班到很晚是在搞什么“阴谋”？是不是为了占用公司的资源？通常情况下，在工作量正常的时候，依然每天加班到很晚，很容易让人联想到这些，老板也不例外。刘季发觉了同事的议论后，还不以为然，但当他知道老板也在怀疑他时，他就再也不敢加班了。

不要给老板怀疑你的机会，不要给同事议论你的可能。要学会遵循所在公司的“规则”，这样你的职场生活才会一帆风顺。

加班和加薪升迁没关系

职场规则：加班和加薪没关系。决定加薪的因素是你的能力。能力是最好的语言，业绩是最好的证明。只有具有扎实的本领，你才有发言权。否则无论你说再多，也是无用的。

职场，是用本领说话的地方。下面，我们来看一则关于本领的寓言：

有一次，在一场比赛上，鼯鼠夸耀说自己会很多本领。比赛开始了，最先比的是飞行。一声哨响，老鹰、燕子、鸽子一下就飞得没影了，鼯鼠扑腾着飞了几丈远就落了下来，着地时还没站稳，摔了个嘴啃泥。赛跑比赛，兔子得了第一后，躺在树下睡了一觉醒来，鼯鼠才跌跌撞撞地跑到终点。游泳比赛，鼯鼠游到一半就游不动了，大声喊起救命来，多亏了好心的乌龟把它驮回岸上。比赛爬树时，鼯鼠还没爬到树顶就抱着树枝不敢再爬，顽皮的猴子爬到树顶后摘了果子往它头上扔，明知道它不敢用手去接，还故意说请它吃水果。和穿山甲比赛打洞，穿山甲一会儿就钻进土里不见了，鼯鼠吃力地刨啊刨，半天才钻进半个身子。观众见它撅着屁股怎么也进不去，都哄笑起来。

在工作中，如果没有真才实学，即便终日卖力地加班，也会像鼯鼠一样遭到大家的嘲笑。我们说得再好听，吹嘘得再花哨，没有能力，没有业绩，无论在领导面前，还是在同事面前，甚至在下属面前，仍然很难挺起腰杆儿。

14 岁就到煤矿做工的斯蒂芬逊，在煤矿中从事的工作就是擦拭矿上抽水的蒸汽机。后来，他当上了煤矿的保管员，这使他有机会接触到更多的机器。

他感到，当时落后的运输工具已经不能适应正在迅速发展的煤矿业，于是他就想发明一种“强有力的运输工具”。

于是，他下决心努力学习文化。他都 17 岁了，却是个文盲，“既然基础等于零，那就从零开始吧！”他与启蒙的儿童一起在夜校的一年级就读。

为了更好地进行蒸汽机的研究，他步行了 1500 多里来到了蒸汽机发明者瓦特的家乡做了长达一年的工。他在工作之余，就对蒸汽机构造的原理进行钻研，并运用自己所学的知识，开始进行“强有力的运输工具”的发明。

他经过一番呕心沥血的钻研，在 1814 年造出了第一台蒸汽机车。但是试车却失败了，他受到了诽谤和责难。他并没有因此而灰心，继续研究并对其加以改进。他于 1825 年 9 月 27 日在英国斯多克敦至达林敦的铁路上，对世界上第一台客货运蒸汽机车“旅行号”进行了成功的试车。人们热烈地庆贺火车的诞生。他于 1829 年 10 月驾驶着新制的“火箭号”参加了在利物浦附近举行的一次火车功率大赛，并获取了胜利。

斯蒂芬逊成功了，多年的努力与坚持不懈，自己的能力和本领在不断的实践中提升、完善。他的经历让我们更加清楚地看到——用本领说话才是最有力的。无独有偶，下面故事中的马克亦是如此。

马克起初只是德国一家汽车公司下属的一个制造厂的杂工，他是在做好每一件小事中获得了成长，并在他 32 岁时成为该公司最年轻的总领班。

马克是在 20 岁时进入工厂的。工作一开始，他就对工厂的生产情形做了一次全盘的了解。他知道一部汽车由零件到装配出厂，大约要经过 13 个部门的合作，而每一个部门的工作性质都不相同。他主动要求从最基层的杂工做起。杂工不属于正式工人，也没有固定的工作场所，哪里有零活就要到哪里去。因为这项工作，马克才有机会和工厂的各部门接触，因此对各部门的工作性质有了初步的了解。在当了一年半的杂工之后，马克申请调到汽车椅垫部工作。不久，他就把制椅垫的手艺学会了。后来他又申请调到点焊部、车身部、喷漆部、车床部等部门去工作。在不到 5 年的时间里，他几乎把这个厂的各部门工作都做过了。最后，他又决定申请到装配线上去工作。马克的父亲对儿子的举动十分不解，他问马克："你工作已经 5 年了，总是做些焊接、刷漆、制造零件的小事，恐怕会耽误前途吧?"

马克笑着说，"我并不急于当某一部门的小工头。我以能胜任领导整个工厂工作为目标，所以必须花点时间了解整个工作流程。我正在用现有的时间做最有价值的利用，我要学的，不仅仅是一个汽车椅垫如何做，而是整辆汽车是如何制造的。"当马克确认自己已经具备管理者的素质时，他决定在装配线上崭露头角。马克在其他部门干过，懂得各种零件的制造情况，也能分辨零件的优劣，这为他的装配工作提供了不少便利。没有多久，他就成了装配线上最出色的人物。很快，他就晋升为领班，并逐步成为统管 15 位领班的总领班。如果一切顺利，他将在几年之内升到经理的职位。

故事中，马克说得很对，要"用现有的时间做最有价值的利用"，加班与否都不重要，那只是形式，真正能托起你业绩的，不是你工作多少个小时，而是你的能力有多强，是否强到以高效率完成应该完成的工作。这是实力，也是本领。

做任何事情，不下一番工夫，就不会有所收获。每个人都希望自己在职场上占据优势地位，都希望自己能够加薪升迁。然而，仅仅有这种上进的思想是远远不够的，因为理想与现实之间的距离需要努力去弥补。只有掌握了扎实的本领，才能在工作中游刃有余。

鲁尼恩定律：戒骄戒躁，做笑到最后的大赢家

气怕盛心怕满，工作中要戒骄戒躁

有一天，孔子带着自己的学生去参观鲁桓公的宗庙。在宗庙里，他看到了一个形体倾斜可用来装水的器皿。就向守庙的人询问："请告诉我，这是什么器皿？"守庙的人告诉他："这是欹器，是放在座位右边，用来警戒自己，如'座右铭'一般用来伴坐的器皿。"孔子一听，接着说："我听说这种器皿，在没有装水或装水少时就会歪倒；水装得适中，不多不少的时候就会是端正的；而水装得过多或装满了，它也会翻倒。"说完，扭头让学生们往里面倒水试试。学生们听后舀水来试，果然如孔子所说的。水装得适中时，它就是端正的；水装得过多或装满了，它就会翻倒；而等水流尽了，里面空了，它就倾斜了。这时候，孔子长长地叹了口气说道："唉！世界上哪里会有太满而不倾覆翻倒的事物啊！"

我们的心也像这欹器，自我评价太低就会抬不起头做人，自我评价适中就会积极面对人生，自我评价过高就会四处碰壁。水满则溢，月满则亏。做人要有长远眼光，不能被一点小小的成就绊住了前进的脚步，而导致最后的失败。

张军和李静是大学同班同学，两个人一起应聘到一家公司。论实力，李静根本不是张军的对手。本来理工科就是男强女弱，张军在计算机方面又有超强的天赋，而李静恰巧又长了个"不开窍"的脑瓜，所以他们俩之间的差距就更大了。可是进公司半年后，李静却意外地比张军先升了职。

其实，这也不奇怪，正如"龟兔赛跑"一样，实力强的不一定最后就会赢。张军自恃能力很高，在这样的公司根本不需

要再学习和进修，他的聪明才智完全可以应付一切工作。不仅如此，他对待工作也是马马虎虎，觉得交给自己的工作有辱自己的智商。而李静则知道自己实力不行，所以工作后依然不断地继续学习深造，对于上级交下来的每一项任务都认真对待，还乐于向身边的人请教。所以，出现李静先升职的现象是必然的。如果张军再不反省，还是那样的工作态度，那么最后可能会遭遇辞退的命运。哪个公司都不需要这种眼高手低、骄傲自大的员工。

气怕盛，心怕满。这是因为气盛就会凌人，心满就会不求上进。真正成功的人都极力做到虚怀若谷，谦恭自守。一个人成功的时候，还能保持清醒的头脑，不趾高气扬，那么他往往会取得更大的成功。

当迪普把议长之职让出来，以拥护林肯政府的时候，在一般人看来，由于他对党的贡献，不知该受到多么热烈的欢呼、称赞才好。他说："傍晚我当选为纽约州州长，一小时之后又被推选为上议院议员。不到第二天早晨，好像美国大总统的位置，便等不及让我的年纪足够后就落到我头上了。"他用这种调侃，善意地批评了别人对他的夸大赞扬。虽然迪普那时很年轻，但是头脑却很清醒，并不因为别人对他的那种夸张的称赞而自高自大。即使在那时，他还是能保持他那种真正的伟大的特性——不因为别人的称赞而趾高气扬。

你能够承受得住突然的飞黄腾达么？要衡量一个人是否真正能有所成就，就要看他能否有这种承受能力。福特说："那些自以为做了很多事的人，便不会再有什么奋斗的决心。有许多人之所以失败，不是因为他的能力不够，而是因为他觉得自己已经非常成功了。"他们努力过，奋斗过，战胜过不知多少的艰难困苦、凭着自己的意志和努力，使许多看起来不可能的事情都成了现实。然而他们取得了一点小小的成功，便经受不住考验了。他们懒惰起来，放松了对自己的要求，慢慢地下滑，最后跌倒了。在历史上，被荣誉和奖赏冲昏了头脑，而从此懈怠懒散下去，终至一无所成的人，真不知有多少……

如果你的计划很远大，很难一下子达到。那么，在别人称赞你的时候，你就把现在的成功与你那远大的计划比较一下，相比将来的宏伟蓝图，你现在的成功还只是万里长征的第一步，根本不值得去夸耀。这样一想，你就不会对眼前的一点小成就沾沾自喜了。所以，在可能实现的前提下，你的计划要大得连群众都来不及称赞。你的计划是如此之大，以致在刚刚开始的时候，一般人对于你的称赞，都表明他们还没有窥见你的宏伟计划。

洛克菲勒在谈到他早年从事煤油业时，曾这样说道："在我的事业渐渐有些起色的时候，我每晚把头放在枕上睡觉时，总是这样对自己说：'现在你有了一点点成就，你一定不要因此自高自大，否则，你就会站不住，就会跌倒的。因为你有了一点开始，便俨然以为是一个大商人了。你要当心，要坚持着前进，否则你便会神志不清了。'我觉得我对自己进行这样亲切的谈话，对于我的一生都有很大的影响。我恐怕我受不住我成功的冲击，便训练我自己不要为一些蠢思想所蛊惑，觉得自己有多么了不起。"

我们开始成功的时候，能够在成功面前保持平常心态，能够不因此而自大起来，这实在是我们的幸运。对于每次的成功，我们只能视其为一种新努力的开始。我们要在将来的光荣上生活，而不要在过去的冠冕上生活，否则终有一天会付出代价的。

执行到位，笑在最后

现代职场中，有很多企业的员工凡事得过且过，做事不到位，在他们的工作中经常会出现这样的现象：

——5％的人不是在工作，而是在制造矛盾，无事必生非＝破坏性地做；

——10%的人正在等待着什么=不想做；

——20%的人正在为增加库存而工作=“蛮做”、“盲做”、“胡做”；

——10%的人没有为公司作出贡献=在做，但是负效劳动；

——40%的人正在按照低效的标准或方法工作=想做，而不会正确有效地做；

——只有15%的人属于正常范围，但绩效仍然不高=做不好，做事不到位。

……

大多数人正在按照低效的标准或方法工作，缺乏灵动的思维和智慧，永远忙乱，却永远到最后才完成任务。

越来越多的员工只管上班，不问贡献；只管接受指令，却不顾结果。他们沉不住气，得过且过，应付了事，将把事情做得“差不多”作为自己的最高准则；他们能拖就拖，无法在规定的时间内完成任务；他们马马虎虎、粗心大意、敷衍塞责……这些统统都是做事不到位的具体表现。

沉不住气，做事不到位，就会造成成本的增加，成本的增加意味着利润的降低。做事不到位的危害不仅仅在于此，在市场竞争空前激烈的今天，执行一旦不到位，就会让对手赢得先机，使自己处于被动的地位。

2002年，华为接受俄罗斯一家运营商的邀请，派遣几名技术员到莫斯科，要他们在短短的两个月内，在莫斯科开通华为第一个3G海外试验局。

但是受邀请的不只华为一家，第一个被邀请的是一家比华为实力更强的公司，也就是说，华为的员工是受邀前去调试的第二批技术人员。于是，他们就和第一批技术人员形成了一种“一对一”的竞争关系。

由于对手实力很强，一开始莫斯科运营商对华为的技术人员并不是很重视，不仅没有为他们提供核心网机房，甚至不同意他们使用运营商内部的传输网。缺乏这些必要的基础设施，华为的技术员开展工作时受到了很大的阻碍。因此，华为的员工压力很大，他们一直在思考怎样才能做得更好，以赢得运营商的信任。但眼看到了业务演示的环节，华为的技术员以为已经没有希望了。

不料，恰好这时候，对方的技术人员在业务演示中出现了一些小漏洞，引起了运营商的不满。为了弥补这些小漏洞，运营商决定将华为的设备作为后备。

于是，华为的几位员工紧紧抓住这个机会，夜以继日地投入工作中，最终向运营商完美地演示了他们的3G业务。

看完演示之后，运营商竖起了大拇指，立刻决定将华为的3G设备从备用升级为主用。

可见，执行到位关系到成败。执行到位，能够技压群雄；执行不到位，则可能前功尽弃、功亏一篑。

有一天，刘墉和女儿一起浇花。女儿很快就浇完了，准备出去玩，刘墉叫住了她，问："你看看爸爸浇的花和你浇的花有什么不一样?"

女儿看了看，觉得没有什么不一样。

于是，刘墉将女儿浇的花和自己浇的花都连根拔了起来。女儿一看，脸就红了，原来爸爸浇的水都浸透到根上，而自己浇的水只是将表面的土淋湿了。

刘墉语重心长地教育女儿，做事不能做表面功夫，一定要做彻底，做到"根"上。

其实，执行就和浇花一样，如果沉不住气，只是简单地做事，不用心、不细致，不看结果，敷衍了事，那就等于在浪费时间，做了跟没做一样。

在工作中，要有一个长远的规划，不能为达成一个小目标，或一时得到了上级的认可，就骄傲自满，停滞不前，这样你很快就会被别人甩在后面，被职场淘汰。现在的职场，是个时刻充满着竞争的地方。你不进步，就是在退步；你停滞不前，别人就会赶超你。所以，不要满足于一时的成绩，要有一个大的方向，大的目标，不断前进。但也不要为一时的失败而气馁，要知道笑到最后才最美。

赢得成功，应当自觉戒除糊弄工作的错误态度，沉住气，为自己的工作结果树立标准，严格地落实到最后一个环节，不要认为事情快完成了就掉以轻心、马虎了事，而要确保每一环节都能严格落实到位。只有静下心来，以细致、认真的态度，戒骄戒躁，踏实做好每一项任务，我们才能保证执行的效果，才能为企业交上满意的答卷。

所以，无论你天资如何，无论你有多大的缺陷，决定你输赢的都不是这些，而是你是否能永远清醒地认识自己，是否能做到戒骄戒躁。在跑步时，跑得快的不一定赢；在打架时，实力弱的不一定输。没到最后一刻，都无法定输赢。只有笑到最后的人，才是真正的赢家。所以，不懈地努力吧！

链状效应：想叹气时就微笑

离职场抱怨远一点

有些人心胸不够宽大，对一些事情总是放不开，喜欢怨天尤人。如果你总和这样的人在一起的话，那么久而久之，你也会变成一个爱抱怨的人。这就是链状效应。所以，如果你不想变成一个“唠叨鬼”、一个“抱怨精”的话，那么就离那些爱抱怨的人远一点。

在职场上，更是如此。如果有爱抱怨的同事，你千万要躲他远一些。因为你不能为他解决任何问题，听他抱怨除了自找麻烦外，只能让自己的心情也变得很糟。而你本人，也千万不要对你的同事抱怨，特别是工作上的事情。如果你抱怨多了，除了自失尊严外，还会让同事对你避之唯恐不及。谁也不希望别人的消极情绪影响自己的好心情，所以想抱怨的时候，就微笑，有同事向你抱怨的时候，就一笑而过。

身在职场，就应该懂得职场内部的一些规则。不要把自己糟糕的形象暴露在同事面前，这样只会让他们觉得你很无能。不要抱怨工作辛苦，不要抱怨自己多干了活，更不要抱怨老板苛刻。办公室就是用来办公的地方，不是用来让你诉苦的场所。心中的委屈，留着给密友说，或者干脆把它变成一种前进的动力，督促自己更加努力工作。化干戈为玉帛，化戾气为祥和。你也要化抱怨为动力，微笑面对自己的工作。

娄小明是公司刚从一家大企业挖来的人才。到公司后，很受部门领导的器重。他学识渊博、才思敏捷，让同事们也很佩服。有一次，总公司有一个出国深造的机会，让有资格去的人每人写份申请并附带一份深造计划交到总部。娄小明的部门只有他和张小军符合资格，于是他俩就提交了申请和计划。可是每个部门只有一个出国深造的名额，两个人的实力都很强，资格也都够，领导就开会讨论让谁去比较合适。最后，讨论的结果是让张小军去。这让娄小明很不甘心，自己一点也不比张小军差，如果有差别的话，就是张小军是老总的亲戚，而自己不是。于是，他一有机会就向同事抱怨这件事，抱怨公司的领导如何的不公正，自己的遭遇如何的令人气愤等等。他每次抱怨完都觉得心情很舒畅，而且认为同事们会和自己站在同一条战线上，替自己打抱不平。结果却不像他想的那样。张小军比他来公司的时间长，为人也很平易近人，与其他同事的关系都搞得不错。娄小明越是抱怨，同事们就越觉得张小军比娄小明的气量大，比他能担当。娄小明的抱怨直接地损害了自己的形象，却间接地提升了张小军的人气。而且知道张小军是老总的亲戚后，同事们更是对张小军敬畏三分，不敢轻易得罪。于是，同事们对待娄小明的态度越来越冷淡，再没人觉得他是什么人才。娄小明自己也发现了这一变化，细想后才发现，这都是自己爱抱怨惹的祸，把自己原来的光环和神秘全都打破了，还给同事留下一个心胸狭窄的印象，而自己不能出国的事实一点也没有改变。

怨天尤人，一点益处也没有。对你的工作不会有任何帮助，还会让别人看低你。所以，潜伏办公室，就要把自己消极的情绪锁起来，永远呈现出积极阳光、精明能干的一面，这才会赢得别人的尊重，领导的器重，工作的顺利。

耐心听你的抱怨，只是公司的假象

无论是老板还是同事，与你合作是希望你来解决问题，而不是听你抱怨。做好工作是你的本职，抱怨只能让人讨厌。如果你不能认识到这一点，你就离“死期”不远了。

“烦死了，烦死了！”一大早就听王宁不停地抱怨，一位同事皱皱眉头，不高兴地嘀咕着：“本来心情好好的，被你一吵也烦了。”王宁现在是公司的行政助理，事务繁杂，是有些烦，可谁叫她是公司的管家呢，事无巨细，不找她找谁？

其实，王宁性格开朗外向，工作起来认真负责。虽说牢骚满腹，该做的事情，一点也不曾怠慢。设备维护，办公用品购买，交通讯费，买机票，订客房……王宁整天忙得晕头转向，恨不得长出 8 只手来。再加上为人热情，中午懒得下楼吃饭的人还请她帮忙叫外卖。

刚交完电话费，财务部的小李来领胶水，王宁不高兴地说：“昨天不是刚来过吗？怎么就你事情多，今儿这个、明儿那个的？”抽屉开得噼里啪啦，翻出一个胶棒，往桌子上一扔，“以后东西一起领！”小李有些尴尬，又不好说什么，忙赔笑脸说：“你看你，每次找人家报销都叫亲爱的，一有点事求你，脸马上就长了。”

大家正笑着呢，销售部的王娜风风火火地冲进来，原来复印机卡纸了。王宁脸上立刻晴转多云，不耐烦地挥挥手："知道了。烦死了！和你说一百遍了，先填保修单。"单子一甩，"填一下，我去看看。"王宁边往外走边嘟囔："综合部的人都死光了，什么事情都找我！"对桌的小张气坏了："这叫什么话啊？我招你惹你了？"

态度虽然不好，可整个公司的正常运转真是离不开王宁。虽然有时候被她抢白得下不来台，也没有人说什么。怎么说呢？她不是应该做的都尽心尽力做好了吗？可是，那些"讨厌"、"烦死了"、"不是说过了吗"……实在是让人不舒服。特别是同办公室的人，王宁一叫，他们头都大了。"拜托，你不知道什么叫情绪污染吗？"这是大家一致的反应。

年末的时候公司民意选举先进工作者，大家虽然都觉得这种活动老套可笑，暗地里却都希望自己能榜上有名。奖金倒是小事，谁不希望自己的工作得到肯定呢？领导们认为先进非王宁莫属，可一看投票，50多份选票，王宁只得12张。

有人私下说："王宁是不错，就是嘴巴太厉害了。"

王宁很委屈："我累死累活的，却没有人体谅……"

抱怨的人不见得不善良，但常常不受欢迎。抱怨就像用烟头烫破一个气球一样，让别人和自己泄气。谁都恐惧牢骚满腹的人，怕自己也受到传染。抱怨除了让你丧失勇气和朋友，对解决问题也毫无帮助。其实，抱怨别人不如反思自己。

小王刚出来打工时，和公司其他的业务员一样，拿很低很低的底薪和很不稳定的提成，每天的工作都非常辛苦。当他拿着第一个月的工资回到家，向父亲抱怨说："公司老板太抠门了，给我们这么低的薪水。"慈祥的父亲并没有问具体薪水，而是问："这个月你为公司创造了多少财富？你拿到的与你给公司创造的是不是相称呢？"

从此，他再也没有抱怨过，既不抱怨别人，也不抱怨自己。

更多的时候只是感觉自己这个月做的成绩太少，对不起公司给的工资，进而更加勤奋地工作。两年后，他被提升为公司主管业务的副总经理，工资待遇提高了很多，他时常考虑的仍然是“今年我为公司创造了多少”。

有一天，他手下的几个业务员向他抱怨：“这个月在外面风吹日晒，吃不好，睡不好，辛辛苦苦，大老板才给我们 1500 元！你能不能跟大老板建议给增加一些。”他问业务员：“我知道你们吃了不少苦，应该得到回报，可你们想过没有，你们这个月每人给公司只赚回了 2000 元，公司给了你们 1500 元，公司得到的并不比你们多。”

业务员都不再说话。以后的几个月，他手下的业务员成了全公司业绩最优秀的业务员，他也被老总提拔为常务副总经理，这时他才 27 岁。去人才市场招聘时，凡是抱怨以前的老板没有水平、给的待遇太低的人他一律不要。他说，持这种心态的人，不懂得反思自己，只会抱怨别人。

没有任何一家公司希望招进爱抱怨的员工，也没有任何一个人愿意同爱抱怨的人打交道。抱怨只能使人讨厌。即使别人看上去无动于衷，其实内心深处早已将抱怨的人列为不受欢迎的对象。作为职场人士，要想避免成为爱抱怨的人，就必须清醒地认识到下面这些现实：

（1）抱怨解决不了任何问题。分内的事情你可以逃过不做么？既然不管心情如何，工作迟早还是要做，那何苦叫别人心生芥蒂呢？太不聪明了。有发牢骚的工夫，还不如动脑筋想想：事情为什么会这样？我所面对的可恶现实与我所预期的愉快工作有多大的差距？怎样才能如愿以偿？

（2）发牢骚的人没人缘。没有人喜欢和一个絮絮叨叨、满腹牢骚的人在一起相处。再说，太多的牢骚只能证明你缺乏能力，无法解决问题，才会将一切不顺利归于种种客观因素。若是你的上司见你整天发牢骚，他恐怕会认为你做事太被动，不足以托付重任。

（3）冷语伤人。同事只是你的工作伙伴，而不是你的兄弟姐妹，就算你句句有理，谁愿意洗耳恭听你的指责？每个人都有貌似坚强实则脆弱的自尊心，凭什么对你的冷言冷语一再宽容？很多人会介意你的态度："你以为你是谁?"何况很多人不会把你的好放在心上，一件事造成的摩擦就可能使你一无是处。小心翼翼都来不及，何况是恶语相加?

（4）重要的是行动。把所有不满意的事情罗列一下，看看是制度不够完善，还是管理存在漏洞。公司在运转过程中，不可能百分之百地没有问题。那么，快找出来，解决它。如果是职权范围之外的，最好与其他部门协调，或是上报公司领导。请相信，只要你有诚意，没有解决不了的问题。当然，如果你尽力了，还是无法力挽狂澜，那么也尽快停止抱怨吧，不妨换个工作。

第三章　生存竞争法则

零和游戏定律："大家好才是真的好"

化敌为友，与对手双赢

在大多数情况下，博弈总会有一个赢，一个输，如果我们把获胜计算为1分，而输棋为－1分，那么，这两人得分之和就是：1＋（－1）＝0，即所谓的"零和游戏定律"。

在当今这个战略制胜的时代，双赢的理念和意识，在竞争中发挥着非常积极的作用。

很多时候，竞争中你若能化敌为友，这样得到的朋友，比你先前的朋友更能帮助你。因为你先前的朋友所占有的资源，你可能已经占有；所掌握的技能，你可能也已经掌握。化敌为友产生的新朋友，所占有的资源，所掌握的技能，可能正是你一直想拥有而未能拥有的，反之，对手从你那里也有所需，这样就促成了与对手双赢的结局。

1997年8月6日，IT界传出一个惊人的消息，微软总裁比尔·盖茨宣布，他将向微软的竞争对手——陷入困境的苹果电脑公司注入1.5亿美元的资金！

此语一出，IT界为之哗然。比尔·盖茨大发善心了吗？

作为当时世界的首富，比尔·盖茨在世界各地捐资。但这一回，他却不是捐资，更不是行善，他向苹果注入资金是出于商业目的。

苹果电脑公司诞生于一个旧车库里，它的创始人之一是乔布斯。苹果的成功，在于乔布斯是世界上第一个将电脑定位为个人可以拥有的工具，即“个人电脑”，它就像汽车一样，普通人也可以操作。这是一个划时代的产品定位概念，因为在那之前，电脑是普通人无缘摆弄的庞然大物，不仅需要艰深的专业知识，还得花大价钱才能买到手。

乔布斯很快推出了供个人使用的电脑，引起了电脑迷的广泛关注。更为重要的是，苹果公司还开发出了麦金塔软件，这也是一个划时代的、软件业的革命性突破，开创了在屏幕上以图案和符号呈现操作系统的先河，大大方便了电脑操作，使非专业人员也可以利用电脑为自己工作。

苹果公司靠着这些核心竞争力，诞生不久就一鸣惊人，市场占有率曾经一度超过 IT 老大 IBM。

然而，在进入 20 世纪 90 年代，网络经济突飞猛进之际，苹果公司却慢了一拍，未能抓住网络化这一先机，市场占有率急剧萎缩，财务状况日益恶化，1995～1996 年连续亏损，亏损额高达数亿美元，苹果公司使出了浑身解数，但种种努力都没有产生太大的效果。

就在苹果公司上上下下愁眉苦脸之际，微软突然伸出援助之手。难道天下真的有救世主吗？当然没有。

比尔·盖茨自有他的如意算盘。他知道，苹果作为一家辉煌一时的电脑霸主，尽管元气大伤，但它潜在的实力却非常巨大。

在这个时候，很多电脑公司包括微软的一些竞争对手如 IBM、网景等，都想利用苹果乏力之机，提出与苹果合作，来达到和微软竞争的目的。显然，如果微软不与苹果合作，对手的力量就会更强大。

更为重要的是，美国《反垄断法》有规定，如果某个企业的市场占有率超过规定标准，市场又无对应的制衡商品，那么这个企业就应当接受垄断调查。如果苹果公司垮了，微软公司推出的操作系统软件市场占有率就会达到92%，必然会面临垄断调查，那么仅仅是诉讼费就将超过从苹果公司让出的市场中赚取的利润。而和苹果合作，则可以把苹果拉到自己这一边，苹果和微软的操作软件相加，就基本上占领了整个计算机市场，微软和苹果的软件标准就成了事实上的行业标准，其他竞争对手就只好跟着走了。当然，微软实力比苹果强大，不会在合作中受制于苹果。

谁都看得出来，拉苹果一把，有百利而无一害，比尔·盖茨扮演一回救世主绝对不吃亏。

可见，与其付出代价而消灭对手，不如化敌为友，与其双赢更为划算。

NBA比赛中的赢家学问

NBA（美国男篮职业联赛）比赛被认为是当今世界上发展最完备、职业化程度最高的篮球联赛，公平、公正、公开是它一贯的处事原则，它的很多项规章制度都自觉或不自觉地打破了“零和游戏定律”。

比如NBA的选秀制度。为了使NBA各队的实力水平不至于太悬殊，从而增加比赛的精彩和激烈程度，NBA都要在每年度的总决赛之后，在6月下旬举行一年一度的“选秀大会”。参加选秀的一般是全美各大学的学生，均为NCAA全美大学生篮球联赛中的佼佼者。当然，最近几年里，高中生和国际球员有增多的趋势。NBA根据他们的综合实力给他们打分排名，然后，各球队依照该年度在常规赛中的优胜率排名，按由弱到强的顺序依次挑选。为了公平起见，NBA从前两年开始，在选秀前，先分发1000个乒乓球，上面注明挑选的顺序号，常规赛成绩最差的球队可挑250个号，他们挑中首选权的概率是25%。以下依次类推。

这种制度是制衡各队强弱的杠杆，弱队每年总能得到一些能量补充，而强队得到好球员的几率则相对较小，这样就使得NBA各队之间的实力差距不至于太悬殊，这既保证了比赛的水平和质量，也保证了NBA的活力。这项制度实质上是NBA的经营手段，它的最终目的是使联盟能获得最大的利益。它不仅仅要求联盟获利，而且是力争使所有的球队（无论强弱）都获利，只是获利的多少有所区别而已。这是一种“多赢”的局面，而这种“多赢”正是“双赢”的延伸和发展，是“双赢”的最大化体现。相反，如果只是湖人、公牛、马刺这样的超级强队获利，而快艇、骑士、猛龙等弱队一直赔钱的话，NBA恐怕早已经萎缩，也不会从当初的11支球队，发展到如今的30支球队了。

NBA球队之间的球员交换，也表明了参与球队希望“双赢”或者“多赢”的愿望。像勇士队与小牛队完成的9人大交易，其出发点就是为了共同提高两队的实力。在这场交易中，两队的明星球员贾米森和范埃克塞尔作了互换。在小牛队中，虽然范埃克塞尔实力一流，充满激情，但由于纳什的稳定发挥，使得他的作用大多是锦上添花，很少能雪中送炭；而由于内线实力的欠缺，使他们在和湖人、马刺那样内线实力强大的球队的对抗中处于劣势。因此，得到贾米森这样的明星球员，既能提高得分能力，又能增加内线高度，对球队大有裨益。

同样，贾米森虽是勇士队的头号球星，但和他司职同样位置的墨菲上个赛季进步神速，况且比他更高更壮，似乎已能替代他的角色。倒是勇士队的后卫阿瑞纳斯虽然获得了上个赛季的“进步最快奖”，但由于年轻尚欠稳定，常常无法帮助球队在关键的比赛中力战到底，他们曾看上了马刺队的克拉克斯顿，还将“袖珍后卫”博伊金斯招至麾下，但这些人和范埃克塞尔相比，显然不在一个档次。因此，勇士队才会放走头号球星，迎来小牛队的替补后卫。这种思维和行为方式，正是期待“双赢”的表现。

当然，在NBA中也存在不和谐。森林狼队的“乔·史密斯事件”，就公然违反了公平、公开、公正的原则，暗箱操作，侵犯了群体的利益。NBA官方发现之后，对森林狼队进行了严厉的处罚——处以巨额罚款，剥夺其3年的首轮选秀权，球队老板以及副总裁被禁赛数月，球队和史密斯签订的合同无效，史密斯还被迫为活塞队效力1年。缺乏真诚合作的精神和勇气，不遵守游戏规则……森林狼队为此吃尽了苦头。

马蝇效应：激励自己，跑得更快

背负压力，你会跑得更快

1860年大选结束后几个星期，有位叫做巴恩的大银行家看见参议员萨蒙·蔡思从林肯的办公室走出来，就对林肯说：“你不要将此人选入你的内阁。”林肯问：“你为什么这样说?”巴恩答：“因为他认为他比你伟大得多。”“哦，”林肯说，“你还知道有谁认为自己比我要伟大的?”“不知道了。”巴恩说，“不过，你为什么这样问?”林肯回答：“因为我要把他们全都收入我的内阁。”林肯为什么要这样做呢?

很多人都对林肯的决定感到困惑。如巴恩所说，蔡思确实是个狂态十足、极其自大的人，他妒忌心很重，而且一直希望谋求总统职位。至于林肯为何仍旧重用蔡思，用他自己的话来解释为：“现在正好有一只名叫‘总统欲’的马蝇叮着蔡思先生，那么，只要它能使蔡思那个部门不停地跑，我还不想打落它。”

现实生活中，不仅是蔡思先生，我们任何一个人，找只马蝇给自己点压力，都会使自己向目标的方向前进得更快。曾有这样一个有趣的故事：

勒斯里为了领略山间的野趣，一个人来到一片陌生的山林，左转右转迷失了方向。正当他一筹莫展的时候，迎面走来了一个挑山货的美丽少女。

少女嫣然一笑，问道：“先生是从景点那边走迷失的吧？请跟我来吧，我带你抄小路往山下赶，那里有旅游公司的汽车等着你。”

勒斯里跟着少女穿越丛林，正当他陶醉于美妙的景致时，少女说：“先生，往前一点就是我们这儿的鬼谷，是这片山林中最危险的路段，一不小心就会摔进万丈深渊。我们这儿的规矩是路过此地，一定要挑点或者扛点什么东西。”

勒斯里惊问：“这么危险的地方，再负重前行，那不是更危险吗？”

少女笑了，解释道：“只有你意识到危险了，才会更加集中精力，那样反而会更安全。这儿发生过好几起坠谷事件，都是迷路的游客在毫无压力的情况下一不小心摔下去的。我们每天都挑着东西来来去去，却从来没人出事。”

勒斯里不禁冒出一身冷汗。没有办法，他只好扛着两根沉沉的木条，小心翼翼地走过这段“鬼谷”路。

两根沉木条在危险面前竟成了人们的“护身符”。其实，许多时候，如果我们学会在肩上压上两根“沉木条”，给自己一些压力，确实会让我们走得更好。下面看看这个非常贴近我们自己的例子：

小王是学管理的，因为爱好设计，进了某私企的企划部。刚工作不久，接手了一个公司的圣诞节网站广告设计项目，期限是 4 天。

由于这次广告需要设计一个非常有创意的网页，而小王和其他同事都不懂网页设计软件，老总便在出差前给他推荐了一位做网页不错的外援。谁料，小王拿着老总给的手机号码联系对方，人家也到外地出差了，根本抽不出时间。

当时，小王面前只有两条路：一是放弃，直接找老总告诉做不了；二是迎难而上，完成项目。选择前者，会失去很好的表现机会，晋升的梦想也可能泡汤；选择后者，自己需要再想别的办法做出一个有创意的网页，既要符合活动广告的要求，又要体现公司的内涵和优势，但若成功了会大大提升自己在老总心中的地位。一直梦想做出成绩的小王，最终选择了后者。

决定后，他想：如果再找别人，要让对方了解公司的企业文化、优势及活动意义等，至少也要1天左右，而整个项目只有4天，还不如自己上，毕竟自己对公司和这次活动主旨都比较了解，何况大学期间也学过FOXPRO、VB等计算机课程。

于是，他买了两本网页制作的书，把自己关在办公室，连续3天废寝忘食地学习。第四天，老总出差回来，小王交上了一个自己精心设计的网页。当老总问他，是那个外援的杰作吗，他便把事情原原本本地说了一下，老总立刻对他竖起了大拇指，还夸他是一个很有发展前途的年轻人。

可见，我们不应总是惧怕压力，适当的压力反而会让我们更好地发挥潜力。如果每天都给自己一点压力，你就会感觉到自己的重要性，发挥出更多的潜力。正如一位哲人说过，你要求得越少，那么你得到的也越少。

利用敌手“叮”上自己，让你变得更加强大

马由慢跑到快跑是由于马蝇的叮咬，那么，我们个人的发展由弱到强需要什么来“叮咬”呢？事实证明，在有竞争对手“叮咬”的时候，人往往能保持旺盛的势头，最终让自己壮大起来，加速前进。

在北方某大城市里，诸多电器经销商经过明争暗斗的激烈市场较量，在彼此付出了很大的代价后，有赵、王两大商家脱颖而出，他们彼此又成为最强硬的竞争对手。

这一年，赵为了增强市场竞争力，采取了极度扩张的经营

策略，大量地收购、兼并各类小企业，并在各市县发展连锁店，但由于实际操作中有所失误，造成信贷资金比例过大，经营包袱过重，其市场销售业绩反倒直线下降。

这时，许多业内外人士纷纷提醒王说，这是主动出击，一举彻底击败对手赵，进而独占该市电器市场的最好商机。王却微微一笑，始终不采纳众人提出的建议。

在赵最危难的时机，王却出人意料地主动伸出援手，拆借资金帮助赵涉险过关。最终，赵的经营状况日趋好转，并一直给王的经营施加着压力，迫使王时刻面对着这一强有力的竞争对手。

有很多人曾嘲笑王的心慈手软，说他是养虎为患。可王却丝毫没有后悔之意，只是殚精竭虑，四处招纳人才，并以多种方式调动手下的人拼搏进取，一刻也不敢懈怠。

就这样，王和赵在激烈的市场竞争中，既是朋友又是对手，彼此绞尽脑汁地较量，双方各有损失，但各自的收获也都很大。多年后，王和赵都成了当地赫赫有名的商业巨子。

面对事业如日中天的王，当记者提及他当年的“非常之举”时，王一脸的平淡：击倒一个对手有时候很简单，但没有对手的竞争又是乏味的。企业能够发展壮大，应该感谢对手时时施加的压力，正是这些压力化为想方设法战胜困难的动力，进而让我们在残酷的市场竞争中，始终保持着一种危机感。

没错，人生需要一定的“激发”，就好比著名的钱塘大潮，至柔至弱的水，一经激发，便能产生“白马千群浪涌，银山万迭天高”的蔚蔚壮观的景象。

事实上，人皆有惰性，如果没有外力的刺激或震荡，许多人都会四平八稳、舒舒服服、得过且过、无声无息地走完平庸的人生之旅，可是偏偏人生多蹇，世事难料，给人带来种种困窘，也带来种种激励。朋友反目，爱人变心，事业上不顺心，都可能成为一种精神动力源，激发人们调动潜能，干出一番事业，改变自己的人生轨迹。

例如，苏秦一事无成时，屡受父母、妻、嫂的白眼，于是发愤图强，悬梁刺股，夜以继日，废寝忘食，终成一代名士，挂六国相印，显赫一时，威震天下。蒲松龄虽满腹经纶，却屡试不中，穷困潦倒，愤而激励自己著书立说，以毕生心血学识凝成《聊斋志异》，自己也跻身文学巨匠行列，成为千古名人。

所以，想成功，我们就要学会主动接受外在的激励，化压力为动力，以使我们的心智力量得到最大限度的发挥，使我们的人生变得更加瑰丽雄奇。

波特法则：有独特的定位，才会有独特的成功

不求第一，但求独特

被誉为“竞争战略之父”的哈佛商学院教授迈克尔·波特曾说：“不要把竞争仅仅看做是争夺行业的第一名，完美的竞争战略是创造出企业的独特性——让它在这一行业内无法被复制。”

由其提出的波特法则指出，防止完全竞争最为有效的途径之一，就是要从根本上阻止战斗的发生。要做到这一点，对自己的产品就必须有独特的定位，自己的竞争策略就要有独到之处。这方面，比尔·盖茨为我们做了一个非常成功的例子。

几年前的某一天，比尔·盖茨从其西雅图总部附近的一家餐馆走出来，一个无家可归者拦住他要钱。给点钱自然是小事一桩，但接下来的事却令见多识广的比尔·盖茨也目瞪口呆——流浪汉主动提供了自己的网址，那是西雅图一个庇护所在互联网上建立的地址，以帮助无家可归者。

“简直难以置信，”事后盖茨感慨道，“Internet是很大，但没想到无家可归者也能找到那里。”

今天，比尔·盖茨的微软给互联网带来了统一的标准，也带来了前所未有的垄断。其视窗（Windows）操作系统几乎已成为进入互联网的必由之路，全世界各地的个人电脑中，92%在运用 Windows 软件系统。更值得一提的是，过去两年来，微软共投资及收购了 37 家公司，表面看起来好像是一种随心所欲的资本扩张行为，但只要把这 37 家公司排在一起分门别类，立刻就会令人大惊失色！因为这 37 家公司所代表的竟然是网络经济的 3 大命脉：互联网络信息基础平台，互联网络商业服务，互联网络信息终端。微软不仅统治了现在的个人电脑时代，而且已经开始着手统治未来的网络时代！难怪美国司法部要引用反垄断法控告微软。

但比尔·盖茨从容地说："微软只占整个软件业的 4%，怎么能算垄断呢？"

盖茨的话也自有他的道理，因为软件的形态与工业时代的规模和产品建立的垄断已有明显区别。实际上，微软已不仅仅是单纯的垄断，只有"霸权"才能更确切地描述微软的真实。因为操作系统是整个电脑业的基础，微软以核心产品的垄断获得了对整个软件行业的霸权，使得垄断操作"稀释"和掩饰在更大范围的霸权之中，与单纯的数量份额和比例等有关垄断的硬性指标已无明显关系。

这种软件业的霸权是一种独特的霸权，是知识的霸权，创新的霸权，更是盖茨在竞争中的独特的定位。

所以，要想在激烈的竞争中立于不败之地，你可以不求第一，但你一定要求独特。

一只脚不能同时踏入两条河流

哲学上有一个公认的观点是"一只脚不能同时踏入两条河流"，其实，竞争中所采取的决策亦是如此，如果有真正的决策，就不能同时选择两条道路。在战略上面，决策就像岔路，你选择了一条路，那就意味着你不可能同时选择另外一条路。

下面，我们就以美国奋进汽车租赁公司为例来谈谈这个问题：

奋进是美国赫赫有名的汽车租赁公司，然而，你若去有一定规模的机场租车区，一定能够看到赫斯汽车租赁公司和爱维斯汽车租赁公司的柜台，也可以看到很多小汽车租赁公司的柜台，却看不到奋进公司的柜台。更令人费解的是，奋进公司的租金要比对手低30%左右，但总是比其他更有名气的竞争对手获得更多利润。

原来，与爱维斯汽车租赁公司和赫斯汽车租赁公司将自己的客户定位于飞行旅游者不同，奋进汽车租赁公司将服务对象定位于那些还没有买到自己汽车的人。对于这些客户来说，如果需要自己支付租金，价格就是一个重要的考虑因素，而且他们肯定还要考虑保险公司是否会理赔。奋进汽车租赁公司就有意识地裁减各种客户不愿意付费的项目和可能增加的成本，包括做广告的费用。

就这样，奋进汽车租赁公司始终如一地坚持这一策略，尽管客户付费较少，但他们节省的开支大大超过了收费低廉而造成的损失，而且在业内总能成为赢家。

可见，在竞争中选择一个独特的策略，并始终坚持这一个方向，才能成为行业真正的、持久的赢家。

与之类似，戴尔电脑公司在1989年的经营模式改革中也体会到了这一点。当时，戴尔感到自己的直销模式发展得不够快，就试图通过代理商来销售。可是，当他们发现这种转变给公司业绩带来损害的时候，就马上取消了这种做法。问题在于，如果你同时选择两条道路，别人也会这么做。所以，你要选择一条自己最擅长的、具有独特定位的方式坚持下去。这样，你的差异化道路就会具有持续的力量，使对手无法打败你。否则，你只会表现平平。

学会了这些，你在具体制作竞争策略的时候，就应该懂得不能让自己的“一只脚同时踏入两条河”的简单道理了。

权变理论：随具体情境而变，依具体情况而定

计划没有变化快

在竞争中，我们总喜欢说不要打无准备之仗，事前一定要做好计划和安排。计划代表了目标，代表了充实，代表了憧憬，代表了一种对自己的承诺，因为“计划”会让我们知道下一步该做什么。

然而，“一切尽在掌握之中”固然是好，但我们也无法排除“计划外”的可能，正所谓计划没有变化快。

东汉末年，曹操征伐张绣。有一天，曹军突然退兵而去。张绣非常高兴，立刻带兵追击曹操。这时，他的谋士贾诩建议道：“不要去追，追的话肯定要吃败仗。”张绣觉得贾诩的意见很好笑，根本不予采纳，便领兵去与曹军交战，结果大败而归。

谁料，贾诩见张绣败仗回来，反而劝张绣说赶快再去追击。张绣心有余悸又满脸疑惑地问：“先前没有采用您的意见，以至于到这种地步。如今已经失败，怎么又要追呢？”“战斗形势起了变化，赶紧追击必能得胜。”贾诩答道。由于一开始败仗的教训，张绣这次听从了贾翊的意见，连忙聚集败兵前去追击。果然如贾诩所言，这次张绣大胜而归。

回来后，张绣好奇地问贾诩：“我先用精兵追赶撤退的曹军，而您说肯定要失败；我败退后用败兵去袭击刚打了胜仗的曹军，而您说必定取胜。事实完全像您所预言的，为什么会精兵失败，败兵得胜呢？”

贾诩立刻答道：“很简单，您虽然善于用兵，但不是曹操的

对手。曹军刚撤退时，曹操必亲自压阵，我们追兵即使精锐，但仍不是曹军的对手，故被打败。曹操先前在进攻您的时候没有发生任何差错，却突然退兵了，肯定是国内发生了什么事，打败您的追兵后，必然是轻装快速前进，仅留下一些将领在后面掩护，但他们根本不是您的对手，所以您用败兵也能打胜他们。”

张绣听了，十分佩服贾诩的智慧。

在这次战役中，局势变幻无常，而这些无常，却决定了最终的胜与败。现实的竞争世界中，亦是如此，没有谁能在今天就断定明天一定会怎么样，事情的发展都具有一定的未知因素。

贾诩那番充满智慧的话，实际就是论述了一种“因机而立胜”的权变战略思想。这种理论告诉我们，组织是社会大系统中的一个开放型的子系统，是受环境影响的，我们必须根据组织的处境和作用，采取相应的措施，才能保持对环境的最佳适应。

那么，在激烈的竞争中，不要执著于某种外在的形式，不要完全拘泥于事先的精心计划，在事情发展过程中的计划外因素往往更加具有影响力。

以变应变，才能赢得精彩

毫不夸张地说，我们已经进入了竞争时代，一切都充满了变数。就拿大家熟悉的股市来说，几秒钟内的上下颠覆，可能把你送上云端，也可能把你推入地狱。对此，一定要树立权变的思想，善变才能赢。

《猫和老鼠》的经典动画片大家应该记忆犹新，为什么每次小杰瑞总能逃过汤姆的厉爪，还让汤姆吃尽了苦头？汤姆即使绞尽脑汁、费尽力气，为何最终仍然一无所获？这一切都是因为，小杰瑞对汤姆的一举一动，甚至一个呼吸、一个喷嚏、一个微笑的变化，都有不同的应对手段。

在商业竞争中，善变的思想同样必要。

中国布鞋曾一度在秘鲁打开销售大门，当地一家公司每月可销售中国布鞋6万多双。

不料，秘鲁当局颁布了一项法令：禁止纺织品和鞋子进口。这一突如其来的变化，使中国布鞋在秘鲁的销售大门被关闭了。

陷入困境的中国商人并没有坐以待毙，经过分析，他们发现秘鲁并没有禁止进口制鞋设备及布鞋面。于是，他们转变策略，决定出口制鞋设备和布鞋面，在秘鲁当地加工布鞋。布鞋面既不算成品布鞋，也不属于纺织品，不受禁令制约。

后来，中国布鞋又重新在秘鲁占有了一定的市场份额。

正如《孙子兵法》所言："夫兵形象水，水之形避高而趋下，兵之形避实而击虚。水因地而制流，兵因敌而制胜。故兵无常势，水无常形，能因敌变化而取胜者谓之神。"意思是用兵打仗，好像地下的流水那样没有固定刻板的规律，没有一成不变的打法，能采取敌变我变而取胜的，就叫用兵如神了。

某省一家出售冷冻鸡肉的食品公司，由于竞争激烈，冷冻鸡肉销售一直不太景气。后来，该公司经过市场调研，发现顾客喜欢吃新鲜鸡肉，于是实施相应策略，改为凌晨3：00开始杀鸡，待去毛分割完毕恰好接近黎明。新鲜的鸡肉送到市场，生意一下子红火起来，公司利润持续上升，顾客也非常满意。

由此观之，善变之道在于灵敏地作出应变决策，抢占先机。没有这种能力，一个公司就会陷于故步自封的境地，一个人就会陷入墨守成规的套子。

竞争世界如同一只变色龙，变化的发生有时是没有什么明显的先兆的，我们往往也无法预知，"翻手为云，覆手为雨"，常常让我们措手不及。因此，每走一步棋，我们既要紧跟时机，又要学会思考，以变应变，才能赢得精彩。

达维多定律：及时淘汰，不断创新

做第一个吃螃蟹的人

不难看出，达维多定律为我们揭示了如何在竞争中取得成功的真谛。这也正是诸多成功实例所验证的——要做第一个吃螃蟹的人。

日本企业界知名人士曾提出过这样一个口号："做别人不做的事情。"瑞典有位精明的商人开办了一家"填空档公司"，专门生产、销售在市场上断档脱销的商品，做独门生意。德国有一个"怪缺商店"，经营的商品在市场上很难买到，例如大个手指头的手套，缺一只袖子的上衣，驼背者需要的睡衣等等。因为是填空档，一段时间内就不会有竞争对手。

其实，即使在人们熟知的行业里，仍然会有许多的创新点，关键是你要能够察觉得到。

有段时间，国外很多啤酒商发现，要想打开比利时首都布鲁塞尔的市场非常困难。于是就有人向畅销比利时国内的某名牌酒厂家取经。这家叫"哈罗"的啤酒厂位于布鲁塞尔东郊，无论是厂房建筑还是车间生产设备都没有很特别的地方。但该厂的销售总监林达是轰动欧洲的策划人员，由他策划的啤酒文化节曾经在欧洲多个国家盛行。当有人问林达是怎么做"哈罗"啤酒的销售时，他显得非常得意且自信。林达说，自己和哈罗啤酒的成长经历一样，从默默无闻开始到轰动半个世界。

林达刚到这个厂时是个还不满 25 岁的小伙子，那时候他有些发愁自己找不到对象，因为他相貌平平且贫穷。但他还是看上厂里一个很优秀的女孩，当他在情人节给她偷偷地送花时，那个女孩伤害了他，她说："我不会看上一个普通得像你这样的男人。"于是林达决定做些不普通的事情，但什么是不普通的事情呢？林达还没有仔细想过。

那时的哈罗啤酒厂正一年一年地减产，因为销售不景气而没有钱在电视或者报纸上做广告，这样便开始恶性循环。做销售员的林达多次建议厂长到电视台做一次演讲或者广告，都被厂长拒绝。林达决定冒险做自己“想要做的事情”，于是他贷款承包了厂里的销售工作，正当他为怎样去做一个最省钱的广告而发愁时，他徘徊到了布鲁塞尔市中心的于连广场。这天正是感恩节，虽然已是深夜了，广场上还有很多狂欢的人们，广场中心撒尿的男孩铜像就是因挽救城市而闻名于世的小英雄于连。当然铜像撒出的“尿”是自来水。广场上一群调皮的孩子用自己喝空的矿泉水瓶子去接铜像里“尿”出的自来水来泼洒对方，他们的调皮启发了林达的灵感。

第二天，路过广场的人们发现于连的尿变成了色泽金黄、泡沫泛起的“哈罗”啤酒。铜像旁边的大广告牌子上写着“哈罗啤酒免费品尝”的字样。一传十，十传百，全市老百姓都从家里拿自己的瓶子、杯子排成长队去接啤酒喝。电视台、报纸、广播电台争相报道，林达不掏一分钱就把哈罗啤酒的广告成功地做上了电视和报纸。该年度“哈罗”啤酒的销售量跃升为去年的1.8倍。

林达成了闻名布鲁塞尔的销售专家，这就是他的经验：做别人没有做过的事情。

不得不承认，如果只懂得沿着别人的路走，即使能取得一点进步，也不易超越他人；只有做别人没有做过的事情，创造一条属于自己的路，才有可能把他人甩在你身后。

万事源于想，创新从转变思维开始

一个犹太商人用价值50万美元的股票和债券做抵押向纽约一家银行申请1美元的贷款。乍一看，似乎让人不可思议。但看完之后才发现，原来那位犹太商人申请1美元贷款的真正目的是为了让银行替他保存巨额的股票与债券。按照常规，像有价证券等贵重物品应存放在银行金库的保险柜中，但是犹太商人却悖于常理通过抵押贷款的办法轻松地解决了问题，为此他省去了昂贵的保险柜租金而每年只需要付出6美分的贷款利息。

这位犹太商人的聪明才智实在令人折服。其实，我们身上也蕴藏着创新的禀赋，但我们总是漠视自己的潜能。你的思维已经习惯了循规蹈矩，只要你愿意改变一下自己的思维方式，多进行一些发散思维和逆向思维，激活自己的创新因子，你周围的一切，都有可能成为你创新思维的对象。

众所周知，闹钟在传统上的作用只是“催醒”。然而，英国一家钟表公司在此基础上，又增添了一种与此矛盾的“催眠”功能。这种“催眠闹钟”既能发出悦耳动听的圣诗合唱和鸟语声，催人醒来；又能发出柔和舒适的海浪轻轻拍岩声和江河缓缓流水声，催人入眠。使用者可以“各取所需”，这种新颖独特的闹钟深得失眠者的宠爱。

再有，某大城市的市场上曾出现过一种具有特殊功能的拖鞋。这种居室内穿的拖鞋底上装有圆圈状的纱线，能牢牢抓住地板或地砖上的灰尘、头发等污染物。人们穿上这种特殊拖鞋，边走路，边擦地，走到哪里，就清洁到哪里，既走出了“实惠”，又轻松自如。而且，这种拖鞋的洗涤也很方便，穿脏了放入洗衣机内便可清洗干净。这种“擦地拖鞋”卖疯了，其成功之处在于它体现了一种创新思维，也正是这种思维，为创新者带来了巨大的收益。

在竞争过程中，很多人被对手“吃掉”，其重要原因往往是遇事先考虑大家都怎么干、大家都怎么说，不敢突破人云亦云的求同思维方式。讨论一件事情时，总喜欢“一致同意”、“全体通过”，这种观念的后面常常隐藏着“从众定式”的盲目性，不利于个人独立思考，不利于独辟蹊径，常常会约束人的创新意识，如果一味地考虑多数，个人就不愿开动脑筋，事业也就不可能获得成功。

一位成功的企业家说："一项新事业，在 10 个人当中，有一两个人赞成就可以开始了；有 5 个人赞成时，就已经迟了一步；如果有七八个人赞成，那就太晚了。"

【定律链接】切勿得不偿失

在这个变革的时代，怕的就是你不变。然而，这里的变不是乱变，不是无原则的变，而是有方向地变；不是倒退的变，也不是"30 年河东、30 年河西"的转圈变，而是向前发展的变。否则，你的创新之路走错时，结果只会得不偿失。

1978 年，可口可乐公司起用布莱恩·戴森为其美国分公司经理，戴森试图突破传统，尝试一种新的软饮料——节食可口可乐。

1981 年春，为了迎战自己的强劲对手百事可乐，在新任少壮派领导人戈伊祖艾塔的支持下，戴森开始组织实施节食可口可乐的研究。这项计划被称为"哈佛计划"。次年 8 月份，节食可口可乐在全国推出，并以较大的销售额迅速占领了市场，百事可乐受到极大的冲击。

然而就在这个时候，公司出现了重大失误。

1985 年 4 月，戈伊祖艾塔向媒体宣布，公司决定对可乐配方进行修改，生产一种新可口可乐，以挽回因甜度不够而失去的市场。

新可口可乐上市，在饮料市场上引起轩然大波。来自老顾客的抗议电报和信件像雪片一样飞往可口可乐总部。亚特兰大总部的接线员们每天要记录 1500 个电话，几乎都是要求恢复老可口可乐配方的。修改还是恢复"7X"配方的论战成为报纸的头条新闻和电视新闻报道的新话题。包装商们声称，如果这种不利的宣传继续下去，可口可乐无论以何种名称出现，都会面临失去市场份额的危险，有可能在一夜之间就被百事可乐夺去市场，再想收复失地将会非常困难。

可口可乐咬着牙支持了3个月后，不得不再次宣布公司将恢复原配方，命名为经典可口可乐，新可口可乐也将继续销售。在重新问世之后6个月，经典可口可乐又成为全国第一位的软饮料，以将近3∶1的优势超过了新可口可乐。

任何产品不可能一成不变，都会在不断改进中适应市场。问题在于该不该公开宣布这种改进，这其中有很大的技巧。顾客的心理都有一种信任惯性，尽管各种试验都表明新可乐的口味并不错，但消费者只想维持正宗真品的信誉，抗拒接受新可乐。

尽管可口可乐公司迅速挽回了因修改配方的失误所造成的损失，但在新产品的开发中又出现了失误。

可口可乐在不到一年的时间内连续推出4种新产品：3种含咖啡因型可乐和节食可口可乐，再加上经典可口可乐、新可口可乐等，共有8种不同口味的新产品，同时出现在市场上。

消费者们几乎被弄晕了头，就连可口可乐的一些老顾客对它也不耐烦。

有这样一段对话，颇耐人寻味：

"给我一杯可口可乐。"

"您要经典可口可乐、新可口可乐、樱桃可口可乐，还是要健怡可口可乐？"

"请给我来杯健怡可口可乐。"

"您要普通健怡可口可乐还是要不含咖啡因的健怡可口可乐？"

"去他妈的！给我一杯七喜。"

虽然我们不能老是守着传统思想，但革新的步伐也要三思而后行，且勿得不偿失。创新是为了迎合新观念、新社会，而不是强行改变人们固有的生活方式。

儒佛尔定律：有效预测，才能英明决策

预测有效才能决策英明

在做任何事之前，你都要面对选择和判断。人生就是在不断地选择和判断中度过的，如果你选择了正确的道路，那么你的人生可能会一帆风顺、飞黄腾达；如果你判断失误而入了歧途，那么你这一生可能就只能与噩梦相伴。选择和判断，对于你的人生就是这么重要。

如何才能做好选择和判断呢？特别是在这个“信息爆炸”的时代，各种各样的道路、方向、方式、经历、指导放在你的面前，经常让人不知所措，只有选择好了，判断好了，才会有好的结果。所以，在众多信息中抽出适合自己的信息，这个环节就显得非常重要。如何才能众里寻他一下命中呢？这就需要极强的预测能力。在这个极具机遇性的商业社会里，预测能力尤为重要。往往一个不起眼的信息，就能给你带来极大的灵感，抓住了这个商机，你就可能一夜暴富。所以，有效的预测对于一个竞争者来说，是最重要的能力。

市场变化多端，信息浩渺如洋，如何从这信息的汪洋大海中捞出属于自己的商机？只有靠预测！一个成功的企业家能从繁复的信息中预测出未来市场的走向，并马上将其转化为决策的行动。信息也有价值，只要你利用得好，转眼间就能将其变成大把的钞票。竞争者在做决策前，都要对市场的形势做一下评估和预测，运筹帷幄才能旗开得胜。如果对市场的一切都不熟悉，不提前做出一个精确的预测就妄下决定，那么你肯定会在商战中死得很惨。商场如战场，竞争的残酷性让决策者一步也不能走错。

精明的预测是成功决策的前提，所以一个企业要发展，要提高经济效益，决策者就必须对国内外经济态势和市场要求有所了解，对与生产流通有关的各个环节非常熟悉，掌握各方面的最新最可靠的信息，找出最有利于企业发展的信息加以利用，这样才能使企业时刻走在时代的前沿，跟得上时代的发展。

1973 年，爆发了全球性石油危机。美国通用、福特，日本丰田等汽车公司，由于决策者提前预测到汽车市场的变化趋势，就见机设计生产了大批油耗量低的小型汽车，以备市场骤变之需。果然，1978 年全球性石油危机再次爆发时，这几个汽车公司的营业额都未受影响甚至还有所增加。而美国的 K 公司，却因为没有预测到市场的变化，在第一次全球性石油危机时，没有做出任何反应和举措，继续生产耗油量高的大型车。结果导致石油危机再次爆发时，无以应对，公司销量锐减，积货如山，每日损失高达 200 万美元，最后濒临破产。这就是有预测能力和无预测能力的差别。

在这个竞争如此激烈的市场中，决策者必须要有敏锐的眼光，做到审时度势，这样才能在企业之林中立于不败之地。

与之类似，诸葛亮火烧赤壁靠的是什么，靠的就是预测；一个智囊、军师、元帅靠的不是勇而是智，这智就是预测，就是判断。

当然，预测也离不开知识和经验，预测是在知识、经验的基础上作出来的。而决策又是在预测的基础上作出来的。所以，竞争者不能没有知识、没有经验，更不能没有预测能力。

对自己的未来，对形势的发展，对市场的变化，都要有先见之明，这样才能成为一个容易获得胜算的竞争者。没有有效的预测，就不会有英明的决策，这个道理放在哪里都适用。

善于预测，成就霸业

只有善于预测的人，才能做出成功的决策，决策的成功便预示着事业的辉煌。无论是在历史中还是在现实中，都有很多这样的例子。

春秋时期的范蠡，可以说是历史上一位很强的预测家。他对战机，对自己的命运，对商机，对儿子的命运都有很精确的预测。当吴王阖闾为越军所伤致死后，阖闾之子夫差谨记父仇，三年日夜练兵以报越仇，勾践欲提前下手先攻吴。范蠡认为不可，奈何勾践不听，结果越军大败，几近为吴所灭。后来，勾践卧薪尝胆以俟时机灭吴自强，每次有点机会的苗头时，他都会先问范蠡，直到范蠡说可以才动手伐吴。结果，果真胜了。后来，勾践灭了吴。范蠡深知勾践的为人，已料到自己今后的命运，遂留书一封于文种，自己离开了越国。信上写着的正是现在非常知名的“飞鸟尽，良弓藏；狡兔死，走狗烹”。范蠡走了，成了流芳百世的陶朱公；而文种未走，则成了勾践剑下的冤死鬼。

这就是有无预测能力的差别。范蠡的预测力，还体现在“居无几何，致产数十万”上，体现在“久受尊名，不详”上，体现在“吾固知必杀其弟也”上。他因为对人、对事的洞察，所以能够精确地预测到事态的发展方向，因而总能做出正确的决定。这也是为什么他到哪里都能很出名，做什么都很成功的原因。

作为当今的竞争者，更要有洞察古今、预测未来的能力，要不然你只能等待着失败向你招手。现今香港的首富李嘉诚就是个很有预测能力的人。可以说，他能发家和他当年对市场做出正确的判断是分不开的。

20世纪50年代，初次创业的李嘉诚创办了名为“长江塑胶厂”的塑料玩具生产工厂。结果当时玩具市场已经饱和，工厂面临倒闭。就在李嘉诚一筹莫展的时候，他偶然在一份报纸上看到了一条消息，说当地一家小塑料厂将要制作塑料花销向欧洲。看到这个消息，李嘉诚骤然眼前一亮，马上想到了二战以来，欧美生活水平虽有所提高，但经济上却还没有种植草皮和鲜花的实力，因此塑料花必定会成为很好的替代品，被他们大量使用于装饰各种场合。这是个很大的需求市场，也是个很好的商机，于是李嘉诚马上决定企业转产生产塑料花，而正是这些塑料花，成就了今天的李嘉诚。

试想，如果当时李嘉诚没有看到这条信息，或者看到后也没有意识到信息背后隐藏的巨大商机，那还会有今天的李嘉诚吗？这确实很难说。只能说是这条信息造就了他，而他自己的预测能力成就了他。

李强和张勇同时受雇于一家超市，一样从底层干起。可不久后，两人的身份地位就大不一样了。李强由于受老总器重，职位是一升再升，直到部门经理；而张勇却像“被遗忘的角落”，仍然处于底层。为什么会有这么巨大的差别呢？原来正是因为李强每次做事时都有很强的预测能力，老板交代一件事，他能想到老板接下来会交代的一切可能的事情，因此把每件事都做得非常完美，让老板对他另眼相看，十分喜欢。而张勇，就没有什么预测能力，老板交代什么就做什么，只做老板交代的，根本不懂得灵活变通、思考老板交代的事情的深层含义，因此他只能处在底层。

所以说，我们不要羡慕别人的成功，要看到别人的优点，学习别人的优点。预测能力，是成功者必备的能力，无论是对生活还是对事业。只有拥有很强的预测能力，才能干出一番事业，成就你的霸业。

【定律链接】如何提高你的预测力

明天是未知的深渊，但对于明天我们不是手足无措，我们可以预知未来。因为这世界存在着规律和趋势，未来是在现在基础上的发展，所以它不可能脱离现在而存在，在今天的身上能看到明天的影子。对于未来我们不是一无所知，我们可以通过预测略知一二。但这种预测能力不是每个人都有的，只有通过不断地学习、总结、观察、实践，才能练就一双穿越时空的慧眼。

知识是一切行动的基石，你有了知识才能真正地了解和参与这个世界；没有知识，就谈不上审时度势，预测未来。

所以，如果你想提高自己的预测能力，首先要具备那个行业所要求的基础知识。有了专业的知识，你才能真正了解这个行业的内情，才能知道行业大体的走势。当然，光有基础知识是不行的，你还得时常关注各种信息，比如时政、金融、科技、民生、娱乐等各方面相关的信息你都要知道，不然你就会跟不上时代的发展，错过一些好的商机。

其次，你就要时刻关注各方面与行业相关的信息。有了知识和信息，还是不够的，你还得知道怎么利用它们。这就需要你多看一些行业成功人士的传记、语录和历史人物的传记等，从他们的人生中总结经验教训，择其优而学，被证明是错误的事情，就没必要再去经历一次，只做对的就好。

最后，还有一个非常重要的方面，就是要具备长远的思想，从一个事情看到它背后可能发生的第二、三、四件事情。只顾眼前，是没有出路的，要想在商业丛林中站稳脚跟，必须要具备走一步看五步、十步的能力。所以，如果你现在还只是做一天和尚撞一天钟的工作态度，那么要想提高预测能力就必须先得把这态度改了，做一件事情要想到这之后的一系列结果，久而久之你就会拥有不错的预测力了。

说白了，想要提高自己的预测力，平时做事的时候就要多想、多思考。商界成功人士大多有这样的共识：一个成功的企业家、一个成功的领导者，每天至多只用20％的时间处理日常事物，而另外80％的时间则用来思考企业的未来。

竞争者要生存，要具有市场竞争力，应付瞬息万变的市场竞争，就必须能够进行科学的预测，并在此基础上做出正确的判断和假设，采取有利的战略行动计划，否则企业就会在竞争中贻误商机，难逃失败的命运。

科学的预测，可以带来巨大的财富，也可以带来顺利的人生，所以，提高自己的预测能力是非常有必要的。从今天起，补充知识、关注信息、总结经验、思考未来吧！

第四章 人际关系学定律

首因效应：先入为主的第一印象

从破格录用想到的

《三国演义》中，凤雏庞统起初准备效力东吴，于是去面见孙权。孙权见庞统相貌丑陋、傲慢不羁，无论鲁肃怎样苦言相劝，最后，还是将这位与诸葛亮比肩齐名的奇才拒于门外。为什么会这样呢？是庞统无能，还是孙权根本不需要帮手呢？其实，造成这样的后果仅仅是因为庞统没能给孙权留下良好的“第一印象”。

如今，大家都认为工作不好找，尤其是刚毕业的人。其实，如果把握好求职时的第一印象，效果往往会出乎意料。

一个新闻系的毕业生正急于找工作。一天，他到某报社对总编说：“你们需要一个编辑吗？”

“不需要！”

“那么记者呢？”

“不需要！”

“那么排字工人、校对呢？”

“不，我们现在什么空缺也没有了。”

“那么，你们一定需要这个东西。”说着他从公文包中拿出一块精致的小牌子，上面写着“额满，暂不雇用”。总编看了看牌子，微笑着点了点头，说：“如果你愿意，可以到我们广告部工作。”

这个大学生通过自己制作的牌子，表现了自己的机智和乐观，给总编留下了良好的“第一印象”，引起对方极大的兴趣，从而为自己赢得了一份满意的工作。这也是为什么当我们进入一个新环境，参加面试，或与某人第一次打交道的时候，常常会听到这样的忠告：“要注意你给别人的第一印象噢！”

也许你会好奇，第一印象真的有那么重要，以至于在今后很长时间内都会影响别人对你的看法吗？心理学家曾做了这样一个实验：

心理学家设计了两段文字，描写一个叫吉姆的男孩一天的活动。其中，一段将吉姆描写成一个活泼外向的人：他与朋友一起上学，与熟人聊天，与刚认识不久的女孩打招呼等；另一段则将他描写成一个内向的人。

研究者让一些人先阅读描写吉姆外向的文字，再阅读描写他内向的文字；而让另一些人先阅读描写吉姆内向的文字，后阅读描写他外向的文字，然后请所有的人都来评价吉姆的性格特征。

结果，先阅读外向文字的人中，有78%的人评价吉姆热情外向；而先阅读内向文字的人中，则只有18%的人认为吉姆热情外向。

由此可见，第一印象真的很重要！事实上，人们对你形成的某种第一印象，往往日后也很难改变。而且，人们还会寻找更多的理由去支持这种印象。有的时候，尽管你的表现并不符合原先留给别人的印象，但人们在很长一段时间里仍然要坚持对你的最初评价。例如，一对结婚多年的夫妻，最清晰难忘的，是初次相逢的情景，在什么地方，什么情景，站的姿势，开口说的第一句话，甚至窘态和可笑的样子都记得清清楚楚，终生难忘。

成功打造第一印象，占据他人心中有利地形

了解了第一印象的重要性，现在我们来谈谈应该怎样给人留下良好的第一印象。

通常，第一印象包括谈吐、相貌、服饰、举止、神态，对于感知者来说都是新的信息，它对感官的刺激也比较强烈，有一种新鲜感。这好比在一张白纸上，第一笔抹上的色彩总是十分清晰、深刻一样。随着后来接触的增加，各种基本相同的信息的刺激，也往往盖不住初次印象的鲜明性。所以，第一印象的客观重要性还是显而易见的，并在以后交往中起了“心理定式”作用。

如果你与人初次见面就不言不语、反应缓慢，给人的第一印象基本就是呆板、虚伪、不热情，对方就可能不愿意继续了解你，即使你尚有许多优点，也不会被人接受；而如果你给人留下的第一印象是风趣、直率、热情，即使你身上尚有一些缺点，对方也会用自己最初捕捉的印象帮你掩饰短处。

一般来说，想给他人留下良好的第一印象，必须要牢记以下 5 点：

1. 显露自信和朝气蓬勃的精神面貌

自信是人们对自己的才干、能力、个人修养、文化水平、健康状况、相貌等的一种自我认同和自我肯定。一个人要是走路时步伐坚定，与人交谈时谈吐得体，说话时双目有神，目光正视对方，善于运用眼神交流，就会给人以自信、可靠、积极向上的感觉。

2. 讲信用，守时间

现代社会，人们对时间愈来愈重视，往往把不守时和不守信用联系在一起。若你第一次与人见面就迟到，可能会造成难以弥补的损失，最好避免。

3. 仪表、举止得体

脱俗的仪表、高雅的举止、和蔼可亲的态度等是个人品格修养的重要部分。在一个新环境里，别人对你还不完全了解，过分随便有可能引起误解，产生不良的第一印象。当然，仪表得体并不是非要用名牌服饰包装自己，更不是过分地修饰，因为这样反而会给人一种轻浮浅薄的印象。

4. 微笑待人，不卑不亢

第一次见面，热情地握手、微笑、点头问好，都是人们把友好的情意传递给对方的途径。在社会生活中，微笑已成为典型的人性特征，有助于人们之间的交往和友谊。但与别人第一次见面，笑要有度，不停地笑有失庄重；言行举止也要注意交际的场合，过度的亲昵举动，难免有轻浮油滑之嫌，尤其是对有一定社会地位的朋友，不应表露巴结讨好的意思。趋炎附势的行为不仅会引起当事人的蔑视，连在场的其他人也会瞧不起你。

5. 言行举止讲究文明礼貌

语言表达要简明扼要，不乱用词语；别人讲话时，要专心地倾听，态度谦虚，不随便打断；在听的过程中，要善于通过身体语言和话语给对方以必要的反馈；不追问自己不必知道或别人不想回答的事情，以免给人留下不好的印象。

刺猬法则：与人相处，距离产生美

我们都需要一定的“距离”

生物学家曾做过一个实验：冬季的一天，把十几只刺猬放到户外空地上。这些刺猬被冻得浑身发抖，为了取暖紧紧地靠在一起，而相互靠拢后，它们身上的长刺又把同伴刺疼，很快就分开了。但寒冷又迫使大家再次围拢，疼痛又迫使大家再次分离。如此反复多次，它们终于找到了一个较佳的位置——保持一个忍受最轻微疼痛又能最大程度取暖御寒的距离。其实，人与人之间亦是如此，良好交际需要保持适当的距离。

下面，我们先来做一个小小的选择题：

你要坐公交车出去玩，上车后你发现只有最后一排还有 5 个座位，走在你前面的两个人，一个选了正中间的座位，一个选了最右侧靠窗子的座位。剩下 3 个座位中，一个在前两个人之间，两个在中间人与最左侧的窗户之间。这时，你会坐在哪里呢？

想必，你多半会选择最左侧窗户的座位，而不是紧挨着两个人中的任何一位坐下。不要好奇，这是因为人与人之间，也像前面讲的刺猬那样，彼此需要一定的距离。

这种距离，有时是环绕在人体四周的一个抽象范围，用眼睛没法看清它的界限，但它确确实实存在，而且不容他人侵犯。

例如，无论在拥挤的车厢里，还是电梯内，你都会在意他人与自己的距离。当别人过于接近你时，你可以通过调整自己的位置来逃避这种接近的不快感；但是空间里挤满了人无法改变时，你只好以对其他乘客漠不关心的态度来忍受心中的不快，所以看上去神态木然。

关于这方面，一位心理学家曾做过这样一个实验：

在一个刚刚开门的阅览室，当里面只有一位读者时，心理学家进去拿了把椅子，坐在那位读者的旁边。实验进行了整整 80 个人次。结果证明，在一个只有两位读者的空旷的阅览室里，没有一个被试者能够忍受一个陌生人紧挨自己坐下。当他坐在那些读者身边后，被试者不知道这是在做实验，很多人选择默默地远离到别处坐下，甚至还有人干脆明确表示：“你想干什么？”

这个实验向我们证明了，任何一个人，都需要在自己的周围有一个自己可以把握的自我空间，如果这个自我空间被人触犯，就会感到不舒服、不安全，甚至恼怒起来。

所以，我们在现实生活中，在人际交往中，一定要把握适当的交往距离，就像前面互相取暖的刺猬那样，既互相关心，又有各自独立的空间。

交际中的距离学问

既然距离在人际交往中如此重要，那么，究竟保持多远的距离才合适呢？一般而言，交往双方的人际关系以及所处情境决定着相互间自我空间的范围。

美国人类学家爱德华·霍尔博士划分了 4 种区域或距离，各种距离都与双方的关系相称。

1. 亲密距离

所谓“亲密距离”，即我们常说的“亲密无间”，是人际交往中的最小间隔，其近范围在 6 英寸（约 15 厘米）之内，彼此间可能肌肤相触、耳鬓厮磨，以至相互能感受到对方的体温、气味和气息；其远范围是 6～18 英寸（15～44 厘米），身体上的接触可能表现为挽臂执手，或促膝谈心，仍体现出亲密友好的人际关系。

这种亲密距离属于私下情境，只限于在情感联系上高度密切的人之间使用。在社交场合，大庭广众之下，两个人（尤其是异性）如此贴近，就不太雅观。在同性别的人之间，往往只限于贴心朋友，彼此十分熟识而随和，可以不拘小节，无话不谈；在异性之间，只限于夫妻和恋人之间。因此，在人际交往中，一个不属于这个亲密距离圈子内的人随意闯入这一空间，不管他的用心如何，都是不礼貌的，会引起对方的反感，也会自讨没趣。

2. 个人距离

这是人际间隔上稍有分寸感的距离，较少有直接的身体接触。个人距离的近范围为1.5～2.5英尺（46～76 厘米），正好能相互亲切握手，友好交谈。这是与熟人交往的空间，陌生人进入这个范围会构成对别人的侵犯。个人距离的远范围是 2.5～4 英尺（76～122 厘米），任何朋友和熟人都可以自由地进入这个空间。不过，在通常情况下，较为融洽的熟人之间交往时保持的距离更靠近远范围的近距离（2.5 英尺）一端，而陌生人之间谈话则更靠近远范围的远距离（4 英尺）一端。

人际交往中，亲密距离与个人距离通常都是在非正式社交情境中使用，在正式社交场合则使用社交距离。

3. 社交距离

这个距离已超出了亲密或熟人的人际关系，而是体现出一种社交性或礼节上的较正式关系。其近范围为 4～7 英尺（1.2～2.1 米），一般在工作环境和社交聚会上，人们都保持这种程度的距离；社交距离的远范围为 7～12 英尺（2.1～3.7 米），表现为一种更加正式的交往关系。

例如，公司的经理们常用一个大而宽阔的办公桌，并将来访者的座位放在离桌子一段距离的地方，这就是为了与来访者谈话时能保持一定的距离。还有，企业或国家领导人之间的谈判、工作招聘时的面谈、教授和大学生的论文答辩等，往往都要隔一张桌子或保持一定距离，这样就增加了一种庄重的气氛。

4. 公众距离

通常，这个距离指公开演说时演说者与听众所保持的距离。其近范围为12～25 英尺（约 3.7～7.6 米），远范围在 25 英尺之外。这是一个几乎能容纳一切人的“门户开放”的空间，人们完全可以对处于空间内的其他人“视而不见”、不予交往，因为相互之间未必发生一定联系。因此，这个空间的活动，大多是当众演讲之类，当演讲者试图与一个特定的听众谈话时，他必须走下讲台，使两个人的距离缩短为个人距离或社交距离，才能够实现有效沟通。

当然了，人际交往的空间距离不是固定不变的，它具有一定的伸缩性，这依赖于具体情境、交谈双方的关系、社会地位、文化背景、性格特征、心境等。

了解了交往中人们所需的自我空间及适当的交往距离，我们就能够有意识地选择与人交往的最佳距离；而且，通过空间距离的信息，还可以很好地了解一个人的实际社会地位、性格以及人们之间的相互关系，更好地进行人际交往。

投射效应：人心各不同，不要以己度人

为何会有“以小人之心，度君子之腹”的心结

宋代著名学者苏东坡和佛印和尚是好朋友，一天，苏东坡去拜访佛印，与佛印相对而坐，苏东坡对佛印开玩笑说：“我看你是一堆狗屎。”而佛印则微笑着说：“我看你是一尊金佛。”苏东坡觉得自己占了便宜，很是得意。回家以后，苏东坡得意地向妹妹提起这件事，苏小妹说：“哥哥你错了。佛家说‘佛心自现’，你看别人是什么，就表示你看自己是什么。”

也许你会一笑而过，但苏小妹的话确实是有道理的。

你可能要问苏小妹的话为何有道理。从心理学角度，她正好指出了人喜欢把自己的想法投射到他人身上的投射效应。俗语说的“以小人之心，度君子之腹”心结，讲的就是小人总喜欢用自己卑劣的心意去猜测品行高尚的人。

与之类似，曾有这样一个有趣的笑话：

一天晚上，在漆黑偏僻的公路上，一个年轻人的汽车抛了锚——汽车轮胎爆炸了。

年轻人下来翻遍了工具箱，也没有找到千斤顶。怎么办？这条路很长时间都不会有车子经过。他远远望见一座亮灯的房子，决定去那户人家借千斤顶。可是他又有许多担心，在路上，

他不停地想：

“要是没有人来开门怎么办?”

“要是没有千斤顶怎么办?”

“要是那家伙有千斤顶，却不肯借给我，该怎么办?”

……

顺着这种思路想下去，他越想越生气。当走到那间房子前，敲开门，主人一出来，他冲着人家劈头就是一句：“你那千斤顶有什么稀罕的!”

主人一下子被弄得丈二和尚摸不着头脑，以为来的是个精神病人，就“砰”的一声把门关上了。

笑声中我们不难发现，这个年轻人，错就错在把自己的想法投射到了主人的身上。

在人际交往中，认识和评价别人的时候，我们常常免不了要受自身特点的影响，我们总会不由自主地以自己的想法去推测别人的想法，觉得既然我们这么想，别人肯定也这么想。例如，贪婪的人，总是认为别人也都嗜钱如命；自己经常说谎，就认为别人也总是在骗自己；自己自我感觉良好，就认为别人也都认为自己很出色……

1974 年，心理学家希芬鲍尔曾做了这样一个实验：

他邀请一些大学生作为被试者，将他们分为两组。给其中一组学生放映喜剧电影，让他们心情愉快；而给另外一组学生放映恐怖电影，让他们产生害怕的情绪。然后，他又给这两组学生看相同的一组照片，让他们判断照片上人的面部表情。

结果，看了喜剧电影心情愉快的那组大学生判断照片上的人也是开心的表情，而看了恐怖电影心情紧张的那组大学生则判断照片上的人是紧张害怕的表情。

这个实验说明，被试的大部分学生将照片上人物的面部表情视为自己的情绪体验，即将自己的情绪投射到他人身上。

其实，投射效应的表现形式除了将自己的情况投射到别人身上外，还有另一种表现—感情投射。即对自己喜欢的人或事物越看越喜欢，越看优点越多；对自己不喜欢的人或事物越看越讨厌，越看缺点越多。这种情况多发生在恋爱期间，如在热恋时人们喜欢在周围人面前吹嘘自己的另一半如何完美无缺；一旦失恋，对对方的憎恨之情溢于言表，并言过其实。

所以，知道了投射效应在人际交往的过程中会造成我们对其他人的知觉失真，我们这就要在与人交往的过程中保持理性，避免受这种效应的不良影响。

辩证走出“投射效应”的误区

哲学上曾讲过，对任何事物我们都应辩证地去看。没错，投射效应也不例外。

一方面，这种效应会使我们拿自己的感受去揣度别人，缺少了人际沟通中认知的客观性，从而造成主观臆断并陷入偏见的深渊，这是需要我们克服的。

《庄子·天地》中记载了这样一个故事：

尧到华山视察，华封人祝他“长寿、富贵、多男子”，尧都辞谢了。华封人说：“寿、富、多男子，人之所欲也。汝独能不欲，何邪?”尧说：“多男子则多惧，富则多事，寿则多辱。是三者，非所以养德也，故辞。”

透过这个故事，我们发现，人的心理特征各不相同，即使是“富、寿”等基本的目标，也不能随意“投射”给任何人。

由于产生投射效应是主观意识在作祟，所以我们可以通过时刻保持理性，克服潜意识和惯性思维，让事物的发展规律还原它本来的面目，从而消除这种效应带来的不良影响。

首先，我们要客观地认清别人与自己的差异，不断完善自己，不能总是以己之心度人之腹。其次，我们要承认和尊重差异，多角度、全方位地去认识别人。最后，为了避免投射效应，我们需要学会换位思考，也就是设身处地地站在对方的立场上去看别人。与人交往时，如果我们能站在对方的立场上，为对方着想，理解对方的需要和情感，就能与他人进行很好的交流和沟通，也更容易达成谅解和共识。

另一方面，我们也不可否认，因为人性有相通之处，有时不同的人的确会产生相同的感受。那么，我们就可以利用一个人对别人的看法来推测这个人的真正意图或心理特征。正如钱钟书说“自传其实是他传，他传往往却是自转”，要了解某人，看他的自传，不如看他为别人做的传。因为作者恨不得化身千千万万来讲述不方便言及或者即便说了别人也不能相信的发生在作者身上的真实故事。

例如，你在帮公司招聘人员的时候，想了解求职者真实的应聘目的，就可以设计这样的问题：

你应聘本公司的主要原因是什么？

A. 工作轻松　B. 有住房　C. 公司理念符合个人个性　D. 有发展前途

E. 收入高

你认为跟你一起到本公司应聘的其他人的主要原因是什么？

A. 工作轻松　B. 有住房　C. 公司理念符合个人个性　D. 有发展前途

E. 收入高

显然，第一个题目并没有多大意义，大部分求职者都会选择C或D；第二个题目，则可以考察求职者的心理投射，求职者一般会根据自己内心的真实想法来推测别人，其答案往往也就是求职者内心的想法。

那么，在干部谈话或招聘等过程中，我们就可以利用投射效应了解交际对象的态度和动机，为我们带来积极的意义。

所以，对待交际中的投射效应，我们要学会辩证地看待其影响，用理智避开它不利的一面，用智慧运用好它有利的一面。

自我暴露定律：适当暴露，让你们的关系更加亲密

适当的“自我暴露”有助加深亲密度

你有秘密吗？你是否发现自己与身边最亲密的人往往共同分享着彼此的许多秘密，而对于那些交情一般的人，你们之间几乎任何秘密都没有？你还可以回想一下，与最好的朋友的友谊，是不是从那一次你们两人互诉真心开始建立的？想必，你对上述几个问题的答案基本都是“是”。无需奇怪，这就是人际交往中的自我暴露定律。

研究交际心理学的人士曾指出，让人家看到自己的缺点或弱点，人家才会觉得你真实可信，不存虚假，从而产生亲近感；反之，完全把自己“藏起来”，就会使人感觉造作、虚伪、有压力。

小敏是宿舍中最擅长交际的一个，并且人也长得漂亮。但同宿舍甚至同班的其他女孩都找到了自己的男朋友，唯独漂亮、擅长交际的小敏仍是独自一人。

为什么呢？她身边的同学都表示，她太神秘，别人很难了解她。和她有过接触的男同学也说，刚开始和她交往时，感觉她是个活泼开朗的女孩，但时间一长，就发现她其实很封闭。

原来，小敏一直对自己的私生活讳莫如深，也从不和别人谈论自己，每当别人问起时，她就把话题岔开，怪不得同学们都觉得她神秘呢！

生活中有一些人是相当封闭的，当对方向他们说出心事时，他们却总是对自己的事情闭口不谈。但这种人不一定都是内向的人，有的人话虽然不少，但是从不触及自己的私生活，也不谈自己内心的感受。

人之相识，贵在相知；人之相知，贵在知心。要想与别人成为知心朋友，就必须表露自己的真实感情和真实想法，向别

人讲心里话，坦率地表白自己、陈述自己、推销自己，这就是自我暴露。

当自己处于明处，对方处于暗处，你一定不会感到舒服。自己表露情感，对方却讳莫如深，不和你交心，你一定不会对他产生亲切感和信赖感。当一个人向你表白内心深处的感受，你可以感到对方信任你，想和你进行情感的沟通，这就会一下子拉近你们的距离。

在生活中，有的人知心朋友比较多，虽然他（她）看起来不是很擅长社交。如果你仔细观察，会发现这样的人一般都有一个特点，就是为人真诚，渴望情感沟通。他们说的话也许不多，但都是真诚的。他们有困难的时候，总会有人来帮助，而且很慷慨。

而有的人，虽然很擅长社交，甚至在交际场合中如鱼得水，但是他们却少有知心朋友。因为他们习惯于说场面话，做表面工夫，交朋友又多又快，感情却都不是很深；因为他们虽然说很多话，却很少暴露自己的真实感情。

要知道，人和人在情感上总会有相通之处。如果你愿意向对方适度袒露，就会发现相互的共同之处，从而和对方建立某种感情的联系。向可以信任的人吐露秘密，有时会一下子赢得对方的心，赢得一生的友谊。

如果希望结交知心朋友，你不妨先对他们敞开自己的心扉！

过犹不及，暴露自己要有度

人常说："凡事要有度，凡事不能过度。"一点儿也没错，在交际中，自我暴露是赢得他人好感的有效方式，但这种暴露同样要做到"适度"。

小鱼是某大学的研究生，刚入学不久，她就把同班同学"雷"到了。一天早上上课，课间，坐在前排的她转过身和一位同学借笔记，还回来时笔记里竟然夹了一张男生的照片，于是小鱼打开了话匣子，跟后面的同学聊了起来，说那是她在火车上认识的新男友，正热恋。她从她和男友在哪儿租了房子、昨天买了什么菜、谁做的晚饭，说到她如何如何幸福，甚至说到二人世界里亲密的小细节……

这样的事情有很多，而且她经常不分时间场合随便就跟别人讲自己的一些私事。到后来，同学们一见到她就躲开了，大家都受不了她了。

由上面的这个例子我们可以看出，在人际交往的过程中，自我暴露要有一个度，过度的自我暴露反而会惹人厌。

在人际交往中，自我暴露应注意以下几个问题：

自我暴露应遵循对等原则，即当一个人的自我暴露与对方相当时，才能使对方产生好感。比对方暴露得多，则给对方以很大的威胁和压力，对方会采取避而远之的防卫态度；比对方暴露得少，又显得缺乏交流的诚意，交不到知心朋友。

自我暴露应循序渐进。自我暴露必须缓慢到相当温和的程度，缓慢到足以使双方都不感到惊讶的速度。如果过早地涉及太多的个人亲密关系，反而会引起对方的忧虑和不信任感，认为你不稳重、不敢托付，从而拉大了双方的心理距离。

真正的亲密关系是建立得很慢的，它的建立要靠信任和与别人相处的不断体验。因而，你的“自我暴露”必须以逐步深入为基本原则，这样，你才会讨人喜欢，才能交到知心朋友。

刻板效应：别让记忆中的刻板挡住你的人脉

偏见的认知源于记忆中的刻板

偏见源于何处呢？一些社会心理学家认为，偏见的认知来源于刻板印象。

刻板印象指的是人们对某一类人或事物产生的比较固定、

概括而笼统的看法，是我们在认识他人时经常出现的一种相当普遍的现象。

刻板印象的形成，主要是由于我们在人际交往的过程中，没有时间和精力去和某个群体中的每一成员都进行深入的交往，而只能与其中的一部分成员交往。因此，我们只能“由部分推知全部”，由我们所接触到的部分，去推知这个群体的全部。

人们一旦对某个事物形成某种印象，就很难改变。

美国一些心理学家分别于 1932 年、1951 年和 1967 年对普林斯顿大学生进行了 3 次有关民族性格的刻板印象调查。他们让学生选择 5 个他们认为某个民族最典型的性格特征。3 次研究的结果大致相同，如下表所示：

民族	性格特性
美国人	勤奋、聪明、实利主义、有雄心、进取
英国人	爱好运动、聪明、沿袭常规、传统、保守
德国人	有科学头脑、勤奋、不易激动、聪明、有条理
犹太人	精明、吝啬、勤奋、贪婪、聪明
意大利人	爱艺术、冲动、感情丰富、急性子、爱好音乐
日本人	聪明、勤奋、进取、精明、狡猾

雷兹兰（1950 年）、西森斯（1978 年）、休德费尔（1971 年）等人的研究也充分证实了这种刻板效应对人知觉的严重曲解。

生活中，人们都会不自觉地把人按年龄、性别、外貌、衣着、言谈、职业等外部特征归为各种类型，并认为每一类型的人有共同特点。在交往观察中，凡对象属一类，便用这一类人的共同特点去理解他们。比如，人们一般认为工人豪爽，军人雷厉风行，商人大多较为精明，知识分子是戴着眼镜、面色苍白的“白面书生”形象，农民是粗手大脚、质朴安分的形象等。

诸如此类看法都是类化的看法，都是人脑中形成的刻板、固定的印象。

如何移去记忆中的刻板

刻板效应的产生，一是来自直接交往印象，二是通过别人介绍或传播媒介的宣传。刻板效应既有积极作用，也有消极作用。居住在同一个地区、从事同一种职业、属于同一个种族的人总会有一些共同的特征。刻板印象建立在对某类成员个性品质抽象概括认识的基础上，反映了这类成员的共性，有一定的合理性和可信度，所以它可以简化人们的认知过程，有助于对人迅速做出判断，帮助人们迅速有效地适应环境。但是，刻板印象毕竟只是一种概括而笼统的看法，并不能代替活生生的个体，因而“以偏概全”的错误总是在所难免。如果不明白这一点，在与人交往时，唯刻板印象是瞻，像“削足适履”的郑人，宁可相信作为“尺寸”的刻板印象，也不相信自己的切身经验，就会出现错误，导致人际交往的失败，自然也就无助于我们获得成功。因此，刻板效应容易使人认识僵化、保守，人们一旦形成不正确的刻板效应，用这种定型观念去衡量一切，就会造成认知上的偏差，如同戴上“有色眼镜”去看人一样。

在不同人的头脑中刻板效应的作用、特点是不相同的。文化水平高、思维方式好、有正确世界观的人，其刻板效应是不“刻板”的，是可以改变的。

刻板效应具有浅尝性，往往对个体或者某一群体的分类过于简单和机械，有的只依靠停留在表面上的认识就加以定性；刻板效应同时具有部落共性，在同一社会、同一群体中，由于同一文化、价值观念、信息来源影响，刻板印象有惊人的一致性；刻板效应还具有强烈的主观性，往往凭着偶然的经验加以评判或分类，大多是以偏概全，甚至是颠倒是非。假如最初我们认定日本人勤劳、有抱负而且聪明，美国人讲求实际、爱玩而又入乡随俗，犹太人有野心、勤奋而又精明，女人比男人更会养育子女、照料他人而且温柔顺从，戴眼镜的人都聪明，教授都有点古怪而且平日里都是一副漫不经心的样子等，当我们初次与以上人群相遇时，就会不自觉地用已有的概念去套用，而结果往往也会陷入啼笑皆非的尴尬局面。

作为教师或者学生家长或者社会其他人员，在评价学生的人格时首先要有大系统思维观，切忌单线条或者直线思维，要考虑事情原因和结果的多样性、复杂性，而不是“一个事物、一种现象、一个结果”，要建立多原因、多结果论。其次要用发展的眼光来看问题，世界是时时刻刻在发展变化中的，如果用刻舟求剑的办法处理问题，只能是落后的、要闹笑话的、最终会导致严重错误的。再次要多方位、多角度观察学生，“横看成岭侧成峰，远近高低各不同”。只有观察多了，才有可能比较全面地认识一个人。

克服刻板效应的关键：

一是要善于用“眼见之实”去核对“偏听之辞”，有意识地重视和寻求与刻板印象不一致的信息。

二是深入到群体中去，与群体中的成员广泛接触，并重点加强与群体中典型化、代表性的成员的沟通，不断地检索验证原来刻板印象中与现实相悖的信息，最终克服刻板印象的负面影响而获得准确的认识。

因此，我们要纠正刻板效应的消极作用，努力学习新知识，不断扩大视野，开拓思路，更新观念，养成良好的思维方式。

互惠定律：你来我往，人情互惠

投桃报李，学会感恩

爱默生说过：“人生最美丽的补偿之一，就是人们真诚地帮助别人之后，同时也帮助了自己。帮助别人也就是帮助你自己。”你送出什么就收回什么，你播种什么就收获什么。你帮助的愈多，你得到的也就愈多；而你愈吝啬，也就愈可能一无所得。“爱别人就是爱自己”，这句很经典的话，其实已说出了人际关系的“核心秘密”——你付出别人所需要的，他们也会给予你所需要的。

古语有云：“投我以桃，报之以李。”对于别人的恩惠，我们不能无动于衷，而要以另一种好处来报答他人。

在第一次世界大战中，为了刺探对方敌情，各国专门培训了一批特种兵，其任务是深入敌后去抓俘虏回来审讯。

当时的战争是堑壕战，大队人马要想穿过两军对垒前沿的无人区是十分困难的，如果一个士兵悄悄爬过去，溜进敌人的战壕，相对来说就比较容易了。

有一个德军特种兵以前曾多次成功地完成这样的任务，这次他又接到任务出发了。他很熟练地穿过两军之间的地带，悄无声息地出现在敌军战壕中。

一个落单的士兵正在吃东西，毫无戒备，一下子就被德国兵缴了械。他手中还举着刚才正在吃的面包，这时，他本能地把一块面包递给对面突袭的敌人。

面前的德国兵忽然被这个举动打动了，他做出了不可思议的行为——他没有俘虏这个敌军士兵，而是将其放了，自己空着手回去，虽然他知道回去后上司会大发雷霆。

这个德国兵为什么这么容易就被一块面包打动呢？其实，人的心理是很微妙的，在得到别人的好处或好意后，就想要回报对方。虽然德国兵从对手那里得到的只是一块面包，或者他根本没有想要那块面包，但是他感受到了对方对他的一种善意。即使这善意中包含着一种恳求，但这毕竟是一种善意，是很自然地表达出来的，在一瞬间打动了他。他在心里觉得，无论如何不能把一个对自己好的人当俘虏抓回去，更别说要了这个人的命。

其实这个德国兵不知不觉地受到了心理学上互惠定律的左右。得到对方的恩惠就一定要报答的心理，是人类社会中根深蒂固的一个行为准则。

一位心理学教授做过一个小小的实验，证明了这个定律：

他在一群素不相识的人中随机抽样，给挑选出来的人寄去了圣诞卡片。但没有想到，大部分收到卡片的人都给他回寄了一张，而实际上他们都不认识他。

给他回赠卡片的人，根本就没有想过打听一下这个陌生的教授到底是谁，他们收到卡片，自动就回赠了一张。也许他们想，可能自己忘了这个教授是谁了，或者这个教授有什么原因才给自己寄卡片。不管怎样，自己不能欠人家的情，给人家回寄一张总是没有错的。

这个实验虽小，却证明了互惠定律的作用。当然，你也可以使用这个原理来提升自己的影响力。如果从别人那里得到了好处，我们应该回报对方；如果一个人帮了我们，我们也会帮他，或者给他送礼品，或请他吃饭；如果别人记住了我们的生日，并送我们礼品，我们对他也会这么做。

人与人的相处其实是很简单的，你想要别人把你当做朋友，那你必须先把别人当做朋友。

播种爱心，赢得朋友

中国历来讲究礼尚往来，这似乎也是人类行为不成文的规则。与人交往讲究互惠互利，双方需要保持利益平衡，如果利益平衡被打破，就会导致关系破裂。互相帮助，有来有往，用真心换取真心，这样才能使我们赢得更多的人心，也能使友谊更加稳固。

人与人之间的互动，就像坐跷跷板一样，要高低交替。一个永远不肯吃亏、不肯让步的人，即使真正得到好处，也是暂时的，他迟早要被别人讨厌和疏远。得到别人的好处或好意，及时回报，这能够表明自己是一个知恩图报的人，有利于相互交往的发展。

在不是很熟悉的朋友之间，你求别人办事，如果没有及时回报，下一次又求人家，就显得不太自然，因为人家会怀疑你是否有回报的意识，是否感激他对你的付出。如果对方突然有一件事反过来求你，你即使觉得不太好办的话，也难以拒绝。俗话说："受人一饭，听人使唤。"为了保持一定的自由，最好不要欠人情。当然，在关系很密切的朋友之间，就不一定要马上回报，那样反而可能显得生疏。但也不等于不回报，有机会的时候还是应该回报的。

在人生的旅途中，我们一直在播种，也许我们不经意的一次善意，就会获得意想不到的感激。当然，我们付出的时候并不是为了得到回报，可生活就是这样，有播种就会有收获，对我们来说也许只是绵薄之力，对需要帮助的人来说则可能会是新的人生起点。

在尼泊尔白雪覆盖的山路上，刺骨的寒气伴随着暴风雪，让人很难睁开双眼。有个男子走了很久，好不容易碰到一个旅行家，两个人自然而然地成了旅途上的同伴。半路上他们看到一个老人倒在雪地里，如果置之不理，老人一定会被冻死。"我们带他一起走吧，先生！请你帮帮忙。"男子提议。旅行家听了很生气地说："这么大的风雪，咱们照顾自己都难，还顾得了谁呀！"说完便独自离去了。

这个男子只好背起老人继续往前走。不知过了多久，他全身被汗水浸湿，这股热气竟然温暖了老人冻僵的身体，老人慢慢恢复了知觉。两人将彼此的体温当成暖炉相互取暖，忘却了寒冷的天气。

"得救了，老爷爷，我们终于到了！"看到远处的村庄，男子高兴地对背上的老人说。当他们来到村口时，发现一群人聚在一起议论纷纷。男子挤进人群中一看，原来是有个男人僵硬地倒卧在雪地上。当他仔细观看尸首时，吓了一大跳——冻死在距离村子咫尺之遥的雪地上的男人，竟然就是当初为了自己活命而先行离开的那个旅行家。

行路的男子并不知道帮助老人会为自己赢得生机，他只是出于悲悯之心才背着老人行进的。救人一命，胜造七级浮屠，男子的善心不但救了老人的性命，更让自己成功走出困境，而旅行家则为他的自私付出了代价。

面对需要帮助的人，千万不要吝惜自己的爱心，善待他人，把你的爱心奉献出来。在你不经意地付出以后，也许会有意想不到的惊喜。播种你的爱心，让它在你的周围生根发芽，当你迎来硕果累累的金秋时，你就是拥有最多财富的富翁。

换位思考定律：将心比心，换位思考

己所不欲，勿施于人

曾经有位因不会与人交往而处处遭人白眼的年轻人，非常苦恼地去找智者，希望智者能告诉他与人交往的秘诀。结果，那智者只送了他 4 句话：“把自己当成别人，把别人当成自己，把别人当成别人，把自己当成自己。”年轻人当时不明白，以为智者不想告诉他秘诀，所以随便说了几句来敷衍他。而智者却说：“你回去吧，这就是秘诀。你会明白的。”后来，这位年轻人反复琢磨，经过实践后，终于明白了智者的话。与人交往的秘诀其实就是换位思考。

中国自古就有“己所不欲，勿施于人”的古训，而西方的《圣经》里也有这样的教诲：“你们愿意别人怎样待你，你们就怎样对待别人。”人与人的交往，都是将心比心的。只有懂得为别人考虑的人，才能获得别人的真情。生活中，每个人所处的环境、地位、角色不同，所以每个人对同一个事物的想法也会有所不同，不要只从自己的立场出发来想事情，要懂得从别人的立场上看问题，这样你的观点才会更客观，你的胸怀才会更宽广，你的朋友才会更多，你的事业也会更成功。

这世上有很多争吵，都是因为我们不会从别人的立场上看问题而导致的。如果我们每个人都能站在别人的立场上为别人考虑，那么这个世界将变成爱的海洋，和谐美满的天堂。妻子总觉得丈夫不体贴，丈夫总觉得妻子不温柔；老师总觉得学生不听话，学生总觉得老师不讲道理；家长总觉得孩子不可救药，孩子则认为家长专治独裁；老板总认为员工爱偷懒，员工总觉得老板是吸血鬼……大家都只从自己的立场出发想问题，那将无法进行沟通和获得理解。

从前，有一个男人厌倦了天天忙碌的工作，每天回家看到妻子总是羡慕她的悠闲舒适。于是有一天，他向上帝祈祷，希望上帝把他变成女人，让他和妻子互换角色。结果，第二天祈祷灵验了：他变成妻子的模样，妻子变成了他的模样。他高兴极了，想这以后我就能享受美好的悠闲生活了。可还没等他想完，妻子就抗议道："你怎么还不去做早餐，我上班要迟到了。"于是，他赶紧起床去做早餐。做完早餐，又去叫孩子们起床，给孩子们穿衣服，喂早餐，装好午餐，送孩子们上学。回到家后，又开始打扫卫生，洗衣服，到超市买菜，准备晚餐……只一天，他就受不了了，太累了，比他上班还累。第二天一醒来，他就祷告，请求上帝再把他变回去。而上帝却对他说："把你变回去，可以。但是，要再等10个月，因为你昨天晚上怀孕了。"

这个有意思的故事，说的还是换位思考的问题。不要以为别人的工作就比你轻松，别人就比你活得容易。

每个人都有每个人的责任，每个人都有每个人的忧喜。只有设身处地为他人考虑，你才能真正地了解他的想法，理解他的行为。

换位思考是一种态度，更是一种品德。懂得换位思考的人，才值得别人尊敬。如果你不想别人剥夺你的生命，那就别当着别人的面抽烟；如果你不想别人啐你的脸，那你就不要随地吐痰；如果你不想别人用污秽的字眼说你，那你也不要随便辱骂别人；如果你不想自己被人瞧不起，那你也不要戴着“有色眼镜”看人。

总之，己所不欲，勿施于人，懂得站在别人的立场上考虑问题，希望别人怎么对你，你就怎么对别人。

设身处地为他人考虑

其实，设身处地为他人考虑，也是为自己考虑。在这个世界上，没有哪个人是不依赖他人而孤立存在的。社会就是人与人合作互助的结构，不懂得为他人考虑的人，也没有人会为你考虑。只想着自己，自私自利的人，以为没有吃亏，却也难有收获，而且还会失去很多，比如尊重、理解、爱戴、朋友，甚至更多。

曾经看过一个非常悲惨的故事，讲的正是不懂得设身处地为他人考虑而导致的悲剧。

一个参军的年轻人，由于在战场上误踩了地雷，致使他失去了一只胳膊和一条腿。他痛苦万分，但想到爱他的父母，他的心底又燃起了活下去的希望。可他现在这个样子，父母会如何看待他呢？他决定还是打个电话给父母，再做打算。于是，他拨通了父母家里的电话：“爸爸，妈妈，我要回家了。但我想请你们帮我一个忙，我想带一位朋友回去。”父母听后，很高兴：“当然可以，我们也很高兴能见到他。”年轻人接着说：“但是这位朋友不是一般的人，他在这次战争中失去了一只胳膊和一条腿。他无处可去，我希望他能来我们家和我们一起生活。”年轻人这话一出口，电话中就传来父母的声音：“我们很遗憾听到这件事，但是这样一个残疾人将会给我们带来沉重的负担，我们不能让这种事干扰我们的生活。我想你还是快点回家来，把这个人给忘掉，他自己会找到活路的。”听到这些，年轻人挂上了电话。几天后，他的父母接到了警察局的电话，说他的儿子从高楼上坠地而死，调查结果认定是自杀。当悲痛欲绝的父母，赶到陈尸间，看到儿子的尸体时，他们惊呆了：他们的儿子只剩一只胳膊和一条腿。

这就是只想到自己的结果。生活中，这样的悲剧还有很多。灾难发生在别人身上是故事，发生在自己身上才是事故。而这世界是公平的，风水轮流转，那发生在别人身上的不幸，也可能发生在自己身上。你怎么对待别人的，别人就会怎么对待你。所以，要处处为别人考虑。

在别人有难时，不要幸灾乐祸，而是想着帮助别人。无论何时都要为别人考虑，这样你的人生会不断地发现惊喜。

圣诞节那天，妈妈带着女儿在街上玩。妈妈一个劲地说：“宝贝，你看多美啊！”可女儿却回答：“我什么美也看不到！”妈妈很生气：“你看那漂亮的五彩灯、圣诞树，还有琳琅满目的各式礼品，你怎么会看不到呢？”女儿很委屈：“可我真的什么也没有看到。”这时，女儿的鞋带开了，妈妈蹲下来为她系鞋带。就在这时，妈妈发现她蹲下来的时候，除了前方一个女人的格子裙以外，什么也看不到。原来，那些东西都放得太高了。

所以，当别人给的答案不是你想要的时候，要想想为什么会这样。真正设身处地为他人着想，是每个人都应该明白的道理和应该学习的人生法则。

第五章　经济学效应

公地悲剧：都是“公共”惹的祸

为什么“公共”会惹祸

红红的樱桃不仅样子可爱，而且味道鲜美、营养丰富，自然成了不少人的喜爱之物。婺州公园的樱桃一熟，就被大家“追捧”。有人称：“今天早上和家人一起到公园玩，发现那里的一片樱桃熟了，很多人都在摘。有折树枝的，有爬上树的，还有人竟然搬来梯子，一起动手，可热闹了。看了半天都弄不懂了，这样子怎么就没人管呢？是不是谁都可以摘啊？”

和所有水果一样，樱桃有着一个自然的成熟周期。还没成熟的时候，它们味道很酸，但随着时间的推移，樱桃的含糖量提高了，吃起来也就可口了。专门种植樱桃的农户到了收获时节才采摘樱桃，所以，超市里的樱桃都是到了成熟期才上架的。然而，长在公园里的樱桃，总是在尚未成熟、味道还酸的时候就被人摘下吃了。如果人们能等久点再采摘，樱桃的味道会更好。可为什么人们等不得呢？

这是因为，公园的樱桃是一种公共物品。人们知道，对公共物品而言，你不从中获得收益，他人也会从中获得收益，最后损失的是大家的利益。所以人们只期望从公共物品中捞取收益，但是没有人关心公共物品本身的结果。正因为如此，才最终酿成“公地悲剧”。

“公地悲剧”最初由英国人哈定于1968年提出，因此“公地悲剧”也被称为哈定悲剧。哈定说：“在共享公有物的社会中，每个人，也就是所有人都追求各自的最大利益，这就是悲剧的所在。每个人都被锁定在一个迫使他在有限范围内无节制地增加牲畜的制度中，毁灭是所有人都奔向的目的地。因为在信奉公有物自由的社会当中，每个人均追求自己的最大利益。公有物自由给所有人带来了毁灭。”他提出了一个“公地悲剧”的模型。

一群牧民在共同的一块公共草场放牧。其中，有一个牧民想多养一头牛，因为多养一头牛增加的收益大于其成本，是有利润的。虽然他明知草场上牛的数量已经太多了，再增加牛的数目，将使草场的质量下降。但对他自己来说，增加一头牛是有利的，因为草场退化的代价可以由大家负担。于是，他增加了一头牛。当然，其他的牧民都认识到了这一点，都增加了一头牛。人人都增加了一头牛，整个牧场多了N头牛，结果过度放牧导致草场退化。于是，牛群数目开始大量减少。所有聪明牧民的如意算盘都落空了，大家都受到了严重的损失。

可见，“公地悲剧”展现的是一幅私人利用免费午餐时的狼狈景象——无休止地掠夺，“悲剧”的意义，也就在于此。

走出“公地悲剧”的漩涡

现实生活中，公地悲剧多发生在人们对公共产品或无主产权物品的无序开发及破坏上，如近海过度捕鱼造成近海生态系统严重退化等。

英国解决这种悲剧的办法是“圈地运动”。一些贵族通过暴力手段非法获得土地，开始用围栏将公共用地圈起来，据为已有，这就是我们历史书中学到的臭名昭著的“圈地运动”。但是由于土地产权的确立，土地由公地变为私人领地的同时，拥有者对土地的管理更高效了，为了长远利益，土地所有者会尽力保持草场的质量。同时，土地兼并后以户为单位的生产单元演化为大规模流水线生产，劳动效率大为提高。英国正是从“圈地运动”开始，逐渐发展为日不落帝国。

土地属于公有产权，零成本使用，而且排斥他人使用的成本很高，这样就导致了“牧民”的过度放牧。我们当然不能再采用简单的“圈地运动”来解决“公地悲剧”，我们可以将“公地”作为公共财产保留，但准许进入，这种准许可以以多种方式来进行。比如有两家石油或天然气生产商的油井钻到了同一片地下油田，两家都有提高自己的开采速度、抢先夺取更大份额的激励。如果两家都这么做，过度开采会减少他们可以从这片油田收获的利益。在实践中，两家都意识到了这个问题，达成了分享产量的协议，使从一片油田的所有油井开采出来的总数量保持在适当的水平，这样才能达到双赢的目的。

有人可能会说，避免“公地悲剧”的发生，就必须不断减少“公地”。但是，让“公地”完全消失是不可能的。“公地”依然存在，这就要求政府制定严格的制度，将管理的责任落实到具体的人，这样，在“公地”里过度“放牧”的人才会收敛自己的行为，才会在政府干预下合理“放牧”。

在市场经济中，政府规定和市场机制两者有机结合，才能更好地解决经济发展中的“公地悲剧”。

【定律链接】从“公地悲剧”到“反公地悲剧”

1998年，迈克尔·赫勒在《哈佛法律评论》上发表《反公地悲剧：从马克思到市场转型中的产权》一文，正式提出“反公地悲剧”的理论模型。他认为，生态学家加勒特·哈定之前创造的“公地悲剧”虽然很好地说明了公共资源被过度利用的恶果，但他却忽视了资源未被充分利用（或称“使用不足”）的可能性，而这导致的资源浪费、效率低下、收益减少的情况更为严重。于是，便提出了“反公地悲剧”。

2003年，复旦大学中国社会主义市场经济研究中心报道了新加坡南洋理工大学应用经济学系主任陈抗博士题为“从公地悲剧到反公地悲剧”的学术讲座。陈博士在讲座中也清晰地解释了“公地悲剧”和“反公地悲剧”的概念。当资源或财产被许多人拥有时，这些拥有者每一个人都有权使用资源，但没有人有权阻止他人使用，于是便导致资源的过度使用。这就是“公地悲剧”。例如，现实中的草地的过度放牧、海洋资源的过度捕捞、空气的严重污染等。与之相反，当资源或财产被许多人拥有时，这些拥有者每一个人都有权阻止其他人使用资源，但没有人拥有有效的使用权，资源或财产的使用效率和收益就会大大降低，甚至出现资源浪费。这就是“反公地悲剧”。如某些发明所导致的专利问题，由于专利权利太多，使后面的研发难以为继。

总之，一味地困守于资源或财产的完全“公共”或完全“反公共”，都会导致相应的悲剧。我们只有懂得采取相应的措施，有效平衡资源或财产的“共有”和“私有”，才能从根本上避免悲剧的发生。

马太效应：富者越来越富，穷者越来越穷

学会让自己的收益增值

假如你手里有一张足够大的白纸，请你把它折叠51次。想象一下，它会有多高？1米？2米？其实，这个厚度超过了地球和太阳之间的距离！财富与之类似，不用心去投资，它不过是将51张白纸简单叠在一起而已，但我们用心智去规划投资，它就像被不断折叠51次的那张白纸，越积越高，高到超乎我们的想象。

其实，根据马太效应，我们的收益是具有倍增效应的。你

的收益越高，就越有机会获得更高的收益。

一位著名的成功学讲师应邀去某培训中心演讲，双方商定讲师的酬金是300美元。在那个时候，这笔数目并不算少。

这是一场规模盛大的演讲会，参加的人员很多。这位讲师的演讲非常成功，受到了大家的热烈欢迎。同时，他也因此结交了更多的成功学人士，感觉受益匪浅。

演讲结束后，他谢绝了培训中心给他的报酬，高兴地说："在这几天中，我的受益绝不是这几百美元所能买到的，我得到的东西，早已远远超出了报酬的价值。"

培训中心的领导很受感动，把这个讲师拒收酬金的事告诉了培训中心的所有学员。他说："这个讲师能够深深体会到他在其他方面的收获远远大于他的酬金，这说明了他对成功学的研究达到了很高水平，像他这样的讲师，才称得上是真正意义上的成功学大师，因为他已经深刻领会了成功的要素和成功的意义，那么他宣传的成功学一定很具实用性，也是可行的。阅读他所著的成功学书籍，一定会得到真实的成功启迪。"

于是，培训中心的学员们纷纷购买了讲师所著的成功学书籍和录像带等产品。

后来，培训中心又把这个讲师拒收酬金的事，写成激励短文挂在培训中心的阅览室里，参加培训的各期学员也都纷纷购买他的书籍和产品，使他的书籍再版了几次，总数超过了百万册。这样，仅在售书方面，讲师的收入就不是一个小数目了。

通过这个故事，我们不难发现，领悟了马太效应，对于我们获得更高的收益非常重要。

现实生活中，人人都希望自己富裕起来。那么，我们不能只看眼前的既得利益，应该把目光放得更远一些，看到马太效应的增值效果，让眼前的收益不断增值。这就好比前面将一张纸折叠51次那样，通过不断累加，你的收益便会越来越多。

【定律链接】投资，让金钱流动起来

据《犹太人五千年智慧》记载：

在古代的巴比伦城里，有位名叫亚凯德的犹太人，因为金钱太多闻名遐迩，而使他成为一位知名之士的另一原因，就是他慷慨好施，对慈善捐款毫不吝啬；他对家人宽大为怀，自己用钱也很大度。可是，他每年的收入仍大大超过支出。

有一些童年时代的老朋友常来看他，他们说："亚凯德，你比我们幸运多啦。我们大伙勉强糊口的时候，你已成为巴比伦的第一富翁，你能穿着最精致的服装，享用最珍贵的食物。如果我们能让家人穿着可以见人的衣服，吃着可口的食品，我们就心满意足了。

"然而，幼年时代，我们大家都是平等的，我们都向同一老师求学，我们玩相同的游戏，那时无论在读书方面或在游戏方面，你都和我们一样，毫无才华出众之处。幼年时代过去以后，你依然和我们一样，大家都是同等的诚实公民，然而现在，你成了亿万富翁，我们却终日不得不为了家人的温饱而四处奔走。

"根据我们的观察，你并不比我们辛苦，你做工的忠实程度也未超过我们。那么，为什么多变的命运之神偏偏让你享尽一切荣华富贵，却不给我们丝毫的福气呢？"

亚凯德于是规劝他们说道："童年以后，你们之所以没有得到优裕的生活，是因为要么你们没有学到发财原则，要么没有实行发财原则。你们忘记了：财富好像一棵大树，它是从一粒小小的种子发育而成的。金钱就是种子，你越勤奋栽培，它就长得越快。"

钱是可以生钱的，你只有懂得了马太效应，大胆地使用你的金钱去投资，才能成为一个真正富有的人。

布拉德和克里斯是一对非常要好的同学，他们毕业后到同一家公司上班，在公司里担任的职位、领取的薪水也都一样。此外，两个人都非常节俭，因此每个人每年都能攒下一笔钱。

但是，两人的理财方式完全不同。布拉德将每年攒下来的钱存入银行，而克里斯则把攒下来的钱分散地投资于股票。两人还有一个共同的特点，那就是都不爱管钱，钱放到银行或股市之后，两人就再也没去管过它们了。

如此这般过了 40 年，克里斯成为拥有数百万美元的富翁，而布拉德存折上却只有区区十几万。

布拉德亲眼看着昔日的同学兼同事，40 年来薪水收入相同，节俭程度相同，而克里斯却能成为百万富翁，反观一下自己，40 年下来只有十几万。理财方式的不同造成了如今如此之大的差距。

投资决定收入。一般来说，每一次正确的投资，都是在助长现金流动，一段时间之后，现金流动会带着更多的金钱回来。乔·史派勒曾写过这样一本书叫《动手来种钱》。他在书中提到一个只剩下 1 美分的人，这个人开始用仅有的 1 美分进行投资，他先将钱兑换成铜币，他心里告诉自己每次花掉的钱，他都要以 10 倍或更多倍的数量使它们再回到自己手上。这个人最后依靠这种方法获得了更多的财富，最终成了一个富翁。

所以，让金钱流动起来，它就是你的摇钱树！

经济过热理论：繁荣背后藏隐患

经济，不是越热越好

经济扩张的合理限度，是指投资、消费与出口增长的特定约束条件。这些约束条件包括：资源约束、需求约束和效率约束。

所谓资源约束，是指经济扩张会受人、财、物的限制，主要原因在于，任何经济扩张都必须以一定的资源供给为支撑，而在特定时间与空间内资源供给是有限的，因此，一旦经济扩张超过资源供给限度就会造成“瓶颈制约”。例如，投资扩张会受原材料、能源、劳动力与资金投入等要素供给的限制，居民消费会受支付能力和消费品供给等因素限制，而出口则会受国内货源供给限制等等。

所谓需求约束，是指供给扩张会受市场需求的限制。在市场经济条件下，投资与生产活动通常以利润最大化为目标。唯利是图或尽可能获利是供给扩张的出发点，但是，只有在投资品或消费品供给能够满足社会需求并以合理价格销售出去后，经营者才有可能获利或实现利润最大化。

所谓效率约束，是指经济扩张会受单位产品的销售所带来的收益递减规律的制约。由于这种规律的作用，当经济扩张超过合理限度后，就会产生规模不经济的现象，也就是随着经济规模不断扩大，边际收益不断下降的现象。

经济过度扩张既有可能是投资过度造成的，也有可能是由消费膨胀和过度出口所致，甚至有可能是三者共同作用的结果。所以根据实际情况我们可以把经济过热大致区分为 4 种类型，即投资型经济过热、消费型经济过热、出口型经济过热与整体经济过热。但在实际经济生活中投资、消费与出口既有可能同时扩张，也有可能单独冒进，甚至有可能逆向发展。

应当注意的是，我们不能把经济过热等同于物价上涨。这是因为，经济过热的本质是经济扩张过度，或者说是投资、消费与出口超过特定限度；物价上涨则既有可能是由投资、消费与出口过度扩张引发的，也有可能是供给急剧下降、外部冲击（如国际油价或原材料价格大幅度上涨等）、政府调控政策（扩张性财政金融政策），以及成本推动（如工资成本增加与电、水、气等公共产品的人为提价）的产物。

很明显，前一种情况是主动性物价上涨，后一种情况下的物价上涨具有被动性。由于被动性物价上涨与经济过度扩张无关，并有可能在经济没有扩张或经济衰退情况下发生，所以不能把这种物价上涨视为经济过热引起的。因此，经济过热虽然会引起物价大幅度上涨，但并不是任何一种物价上涨都是经济过热引起的，只有那些由经济过度扩张所引起的物价大幅度上涨才真正是由经济过热引起的。

综上所述，经济过热的本质是超过资源供给以及需求或效率限度的投资、消费或出口扩张。由于经济过热会导致资源配置错位或降低资源配置效率，所以必须进行预防与控制。

关于中国经济是否过热的问题

2010年10月《国际财经时报》报道：

10月22日消息，中国第三季度经济增长稳健，但与今年早些时候相比有所放缓。中国政府关注的首要问题——通货膨胀率小幅上涨，表明这个世界第二大经济体形势依然稳健，并未出现过热趋势。

中国的经济增长率从第二季度的10.3%下降到第三季度的9.6%。

中国国家统计局发言人盛来运说："经过测算，前三季度国内生产总值为268660亿元。按可比价格计算，同比增长10.6%，比上年同期加快2.5个百分点。分季度看，一季度增长11.9%，二季度增长10.3%，三季度增长9.6%。"

这些数字表明中国经济发展保持强劲，离经济过热还很远，并不像很多经济学家所担忧的那样。

全国居民消费价格指数9月份同比上涨3.6%，略高于8月份的3.5%，远远超过今年3%的通胀目标。

星期二，中国人民银行宣布提高利率，很多经济学家认为，这一举措的目的是给经济逐渐降温，并牢牢控制住通货膨胀。

中国经济今年第一季度增长幅度最大，折合成年率为

11.9%，在随后的两个季度逐步放缓。

渣打银行经济学家严瑾说，她很高兴看到中国并没有出现经济过热。她说：“在我们看来，9.6%是一个相对来说更可持续的增长率，我们认为这与今年第一季度相比是一个更加健康的增长幅度。这意味着经济已经稳定下来，并且开始恢复。现在更重要的是把目光集中在其他风险上，比如通货膨胀和资产价格暴涨。”

经济学认为，实际增长率超过了潜在增长率叫做经济过热，它的基本特征表现为经济要素总需求超过总供给，由此引发物价指数的全面持续上涨。

通过对经济过热的界定，我们可以看出。社会总需求的过量增长往往意味着经济发展的过热倾向。我们所说的需求是指有购买能力的需求，总需求的增长通常用货币供应量，特别是广义货币（M2）的增长来表示，因此，经济运行中是否存在超量的货币供给也成为衡量经济是否过热的标准。此外，一国货币的超量供应通常会引起该国一般物价水平的持续上涨，出现通货膨胀，所以通货膨胀是否出现也成为判断一国经济是否过热的标准。

根据以上标准，我们可以从以下几个特征判断经济发展是否处于过热状态：

（1）固定资产投资增长速度连续几年明显快于 GDP 的增长，这是判断经济过热重要标准。

（2）能源原材料需求供应紧张加剧，价格上涨过快。

（3）生产能力过剩，产品积压。

（4）资源环境压力增大，时常发生生产事故。

经济增长所带来的资源消耗高、浪费大等问题，加剧了环境保护的压力，也是经济过热的一个重要表现。

经济过热可以分为消费推动型经济过热和投资推动型经济过热。由于居民消费旺盛而导致的经济过热称为消费推动型经济过热。投资推动型经济过热，亦即过度投资，包含两个方面：

第一，在一个投资项目完工后，由于没有出现预期的市场需求，生产出来的产品大量堆积，资金无法收回，导致生产资料的严重浪费。这个层面上的“过度”指的是投资相对市场需求过度。

第二，投资规模过度展开，超过了财力负担能力，使得投资不能按预定计划完成，无法形成预期的生产能力。这个层面上的“过度”是投资规模相对于财力负担的过度。

【定律链接】相关常识解释

经济软着陆：指国民经济的运行经过一段时期的过度扩张之后，平稳地回落到适度增长区间。国民经济的运行是一个动态的过程，各年度间经济增长率的运动轨迹不是一条直线，而是围绕潜在增长能力上下波动，形成扩张与回落相交替的一条曲线。国民经济的扩张，在部门之间、地区之间、企业之间具有连锁扩散效应，在投资与生产之间具有累积放大效应。当国民经济的运行经过一段过度扩张之后，超出了其潜在增长能力，打破了正常的均衡状况，于是经济增长率将回落。“软着陆”即是一种回落方式，是相对于“硬着陆”即“大起大落”的方式而言的。

总供给：是国民经济各部门在一定时期内所生产的产品和服务的总和。总供给可以用社会在一定时期内所供给的生产要素的总和或者生产要素所得到的报酬总和来表示。

总需求：指一个国家或地区在一定时期内（通常是一年）由社会可用于投资和消费的支出所实际形成的对产品的劳务和购买力总量。它取决于总的价格水平，并受到国内投资、净出口、政府开支、消费水平和货币供应等因素的影响。

产能过剩：一般认为，产能即生产能力的简称，即为成本最低产量与长期均衡中的实际产量之差。对于什么是过剩，学者有不同的观点。有人认为供大于求即为过剩。也有人认为，供大于求有两种状态，第一种是供给略大于需求，第二种是总供给不正常地超过总需求的状态。“略大于”是指除满足有效需求外，还包括必要的库存和预防不测事故的需要。这种过剩本身并不是什么祸害，而是利益。后一种状态才是过剩状态，包括两方面内容：一方面是总供给为一定时间里总需求相对不足，另一方面是总需求为一定时间里总供给相对过剩。

泡沫经济：上帝欲使其灭亡，必先使其疯狂

上帝欲使其灭亡，必先使其疯狂

西方谚语说：“上帝欲使人灭亡，必先使其疯狂。”

20 世纪 80 年代后期，日本的股票市场和土地市场热得发狂。从 1985 年年底到 1989 年年底的 4 年里，日本股票总市值涨了 3 倍，土地价格也是接连翻番。到 1990 年，日本土地总市值是美国土地总市值的 5 倍，而美国国土面积是日本的 25 倍！日本的股票和土地市场不断上演着一夜暴富的神话，眼红的人们不断涌进市场，许多企业也无心做实业，纷纷干起了炒股和炒地的行当——整个日本都为之疯狂。

灾难与幸福是如此靠近。正当人们还在陶醉之时，从 1990 年开始，股票价格和土地价格像自由落体一般猛跌，许多人的财富一转眼间就成了过眼云烟，上万家企业关门倒闭。土地和股票市场的暴跌带来数千亿美元的坏账，仅 1995 年 1 月～11 月就有 36 家银行和非银行金融机构倒闭，爆发了剧烈的挤兑风潮。极度繁荣的市场轰然崩塌，人们形象地称其为“泡沫经济”。

20 世纪 90 年代，日本经济完全是在苦苦挣扎中度过的，不少日本人哀叹那是“失去的十年”。

泡沫经济，是虚拟资本过度增长与相关交易持续膨胀，日益脱离实物资本的增长和实业部门的成长，金融证券、地产价格飞涨，投机交易极为活跃的经济现象。泡沫经济寓于金融投机，造成社会经济的虚假繁荣，最后必定泡沫破灭，导致社会震荡，甚至经济崩溃。

最早的泡沫经济可追溯至 1720 年发生在英国的“南海泡沫公司事件”。当时南海公司在英国政府的授权下垄断了对西班牙的贸易权，对外鼓吹其利润的高速增长，从而引发了对南海股票的空前热潮。由于没有实体经济的支持，经过一段时间，其股价迅速下跌，犹如泡沫那样迅速膨胀又迅速破灭。

泡沫经济源于金融投机。正常情况下，资金的运动应当反映实体资本和实业部门的运动状况。只要金融存在，金融投机就必然存在。但如果金融投机交易过度膨胀，同实体资本和实业部门的成长脱离得越来越远，便会形成泡沫经济。

在现代经济条件下，各种金融工具和金融衍生工具的出现以及金融市场日益自由化、国际化，使得泡沫经济的发生更为频繁，波及范围更加广泛，危害程度更加严重，处理对策更加复杂。泡沫经济的根源在于虚拟经济对实体经济的偏离，即虚拟资本超过现实资本所产生的虚拟价值部分。

泡沫经济得以形成具有以下两个重要原因：

第一，宏观环境宽松，有炒作的资金来源。

泡沫经济都是发生在国家对银根放得比较松、经济发展速度比较快的阶段，社会经济表面上呈现一片繁荣，为泡沫经济提供了炒作的资金来源。一些手中拥有资金的企业和个人首先想到的是把这些资金投到有保值增值潜力的资源上，这就是泡沫经济成长的社会基础。

第二，社会对泡沫经济的形成和发展缺乏约束机制。

对泡沫经济的形成和发展进行约束，关键是对促进经济泡沫成长的各种投机活动进行监督和控制，但到目前为止，还缺乏这种监控的手段。这种投机活动发生在投机当事人之间，是两两交易活动，没有一个中介机构能去监控它。作为投机过程中的最关键的一步——货款支付活动，更没有一个监控机制。

此外，很多人将泡沫经济与经济泡沫相混淆，其实泡沫经济与经济泡沫既有区别，又有一定联系。经济泡沫是市场中普遍存在的一种经济现象，是指经济成长过程中出现的一些非实体经济因素，如金融证券、债券、地价和金融投机交易等，只要控制在适度的范围内，对活跃市场经济有利。

只有当经济泡沫过多，过度膨胀，严重脱离实体资本和实业发展需要的时候，才会演变成虚假繁荣的泡沫经济。可见，泡沫经济是个贬义词，而经济泡沫则属于中性范畴。所以，不能把经济泡沫与泡沫经济简单地画等号，既要承认经济泡沫存在的客观必然性，又要防止经济泡沫过度膨胀演变成泡沫经济。

在现代市场经济中，经济泡沫会长期存在。一方面，经济泡沫的存在有利于资本集中，促进竞争，活跃市场，繁荣经济；另一方面，也应清醒地看到经济泡沫中的不实因素和投机因素，这些都是经济泡沫的消极成分。

辨别虚假繁荣背后的泡沫

据英国媒体报道，2008 年 2 月，津巴布韦物价飞涨，通货膨胀率已达到令人吃惊的 100500％，当地货币的纸面价值已经低于纸的价值。大街上经常看到人们费力地抱着一摞纸币出门采购日用品。初看，外来人士会以为到处都是刚中了彩票的幸运儿或是亿万富豪，但不幸的是，这一大摞货币的价值都不及制造这些货币的纸的价值。此时，2500 万津巴布韦元只相当于 1 美元。

这就是近在眼前的恶性通货膨胀，经济可以活跃社会，同样也可以覆灭一个社会。

人们的需求是无穷无尽的，经济社会中，我们的财产迅速积累，获得无数的幸福。中国人常说“祸福相依”，我们离不开它的收益，自然也拒绝不了它带来的毁灭。经济市场自始至终都是个充满各种诱惑和陷阱的大染缸，为了利益，人们总是展开不可避免的博弈争斗，各种价值冲突愈演愈烈，货币就是人类利益驱使下的产物，恶性通货膨胀也是由此产生的。

一般情况下通货膨胀都比较温和，只有在特殊时候，才如同洪水猛兽，将人们的财产一夜吞噬。

温和的通货膨胀，是一种价格上涨缓慢且可以预测的通货膨胀。世界上许多通货膨胀都是温和的通货膨胀，物价稳定上涨，人们对货币较有信心。

急剧的通货膨胀，是指总体价格以20%、100%、200%，甚至是1000%、10000%的速度增长。发生这种通货膨胀的地区，在价格被竭力稳定后，会出现严重的经济扭曲现象，并且人们会对本国货币失去信心，运用一些价格指数或外币作为衡量物品价值的标准。

恶性通货膨胀被称为经济的癌症，这种致命的通货膨胀以百分之一百万，甚至是百分之万亿的速度上涨，可以在短时间内摧毁市场经济。

所有泡沫形成的过程都大致相似：在狂热中上涨，似乎所有人都疯狂投入其中，直到发现荒谬，于是开始恐慌，最后噩耗此起彼伏……所有这一切，源头皆为利。

【定律链接】泡沫经济如同猴子捞月

“猴子捞月”的故事大家耳熟能详。故事里，树上的猴子们一只只地拉着前面一只猴子的尾巴，形成一条链子，把最后一只猴子送到水面，让它到水中捞月。

很多人看了这个故事都觉得好笑，现在看来，这些猴子的探索精神还是不错的，通过自身实践最终明白，水中的月亮不过是天上月亮的影子，从而增长知识。倒是人类不止一次地把投影当做实体，把实体抛在脑后。归根结底，不过一个“贪”字。这比捞月的猴子高明多少呢？

猴子认为月亮在水中，可它们真正去打捞时，月亮却破了，碎了，水中的月亮只是一个美丽的影像。在经济学中，泡沫经济如同水中的月亮一样，人们对它的希望如同一种投机，人们争先恐后地进入，给社会经济带来严重危害，甚至造成经济崩溃。

西方最早出现的泡沫经济，是以投资郁金香开始的。

在16世纪中期，荷兰人开发出郁金香的很多新品种，被无数的欧洲民众喜欢。于是，荷兰的郁金香种植者们开始搜寻“变异”、“整形”过的花朵，以此卖高价。逐渐地，这种狂热扩散到整个荷兰。所有的荷兰家庭都建起自己的花圃，郁金香几乎布满了荷兰每一寸可利用的土地。

1636年，一枝郁金香已与一辆马车、几匹马等值，至1637年，郁金香球茎的总涨幅已高达5900％！

终于，郁金香的价格开始崩溃，暴跌不止。整个荷兰的经济都崩溃了，债务诉讼数不胜数，法庭无力审理，很多大家族衰败，老字号倒闭。荷兰的经济也在很多年之后才得以恢复。

自此之后，接二连三的泡沫经济出现在世界的各个角落。归根结底，非理性的贪欲让人们丧失了判断标准，最后自食恶果。

集聚效应：集群发展，经济更上一层楼

产业集群带动经济发展

自然界里有许多“集聚现象”，如沙漠里的灌木，科学研究表明它们的分布跟降水量和地下水系的分布有很大关系，一般呈现出成群聚集的状态，这样才能更好地存活。在现实的经济

领域中，也能找到许多“集聚效应”的例子。

例如，在我国浙江，诸如小家电、制鞋、制衣、制扣、打火机等行业都各自聚集在特定的地区，形成一种地区集中化的制造业布局。上世纪 90 年代以来，江苏省利用外商直接投资，取得突飞猛进的发展，截至 2001 年底其累计利用外资额位居全国第二，仅次于广东。外商直接投资大规模进入，让集聚效应的优势明显地发挥出来，有力地促进了江苏省经济的快速增长，江苏因此成为了近年来我国经济增长最快的省份之一。此外，股市中中小盘股走势的确火爆，锂电池概念、稀土永磁概念、装修装饰以及园林建筑工程等股票不断上涨，而且很多以短期之内连续涨停的极具刺激性的形式来表现，令人叹为观止。因此，深成指突破前期高点的意义比不上对中小板指数创年内新高更能吸引投资者的眼球。这些都是资金在市场上形成的集聚效应。

集聚效应出现在工业领域，能产生很好的效果，比如生产成本的降低，物流成本的降低，能源消耗的降低等等。对于地方区域来说，集聚效应的积极作用也是很明显的，它几乎聚集了全国的顶尖的人才、科研机构、知名外企等一系列优势，

在我国，最能体现集聚效应的就是一线大城市了，这种优势主要体现在产业集聚、人力资本集聚和创新活动集聚这三个方面。

中关村的发展实践，突显了人才的“集聚效应”。越来越多的人才荟萃中关村科技园，实现理想成就事业。到 2009 年年底，中关村汇聚各类人才 106 万人，其中，博士及以上学历 1.1 万人，硕士学历 9.8 万人；具有高级职称的 5.5 万人，具有中级职称的 11.5 万人。这些集聚到中关村的高科技人才，提升了我国的自主创新能力，极大地推动了北京新兴产业的发展，一个具有全球影响力的科技创新中心相信在不久的未来就能成形。

同时，自从北京提出发展文化创意产业以来，北京的文化创意产业也明显呈现出集聚效应。2006 年，北京市文化创意产业从业人员 89.5 万人，资产总计 6161 亿元，业务收入 3614.8 亿元，创造增加值 812.1 亿元，占全市 GDP 的 10.3%，比 2005 年增长 15.9%。

经过不断的发展，北京文化创意产业不仅稳步发展，而且文化创意产业集聚效应日益明显。据不完全统计，北京市 2006 年 12 月挂牌的 10 个文化创意产业集聚区入驻企业 4687 家，其中，挂牌后新入驻企业 1101 家。集聚区企业 2006 年营业收入 478.5 亿元，利润 48.8 亿元，上缴税金 18.5 亿元。

上海是长三角地区的中心城市，集聚效应是它与其他城市之间关系的最主要特征。自改革开放以来，上海经济发展表现出雄厚的实力，已经连续许多年保持了两位数的 GDP 增长率。上海世博会是全球创意人和创意产业的“奥运会”，世博会上各种创新思想、新理念、新文化、新产品的交流碰撞也将激发创意人才思维模式的转变与创新，从而推动创意产业、创意经济迈上新台阶，创意经济的发展将进一步推动国内相关产业的升级。

据不完全统计显示，截至 2009 年底，江苏共有 64 家各类文化产业园区，4 个国家级动漫产业基地，7 个国家级、18 个省级文化产业示范基地；浙江省围绕杭州、宁波、温州等中心城市形成数个文化创意产业集聚地，全省已有 18 个创意园区，3 个国家级人才培训基地。

据统计，截至 2009 年 10 月，上海市正式注册的创意产业园区达到 81 家，入驻企业超过 4000 家，总建筑面积 250 万平方米左右，相关从业人员已达 8 万余人，累计吸引了近 70 亿元社会资本参与集聚区建设。创意产业增加值从 2004 年的 493 亿元增至 2008 年的 1048.75 亿元，年均增幅 20%以上，占全市 GDP 比重从 5.8%提高到 7.66%。

足见，在当前由上至下力推创新型经济发展的中国，以文化产业为龙头的创意经济正在成为地方发展的“加速器”。

坚持集中发展，发挥集中优势

按照优势产业集聚发展的原则，我们要注重推动优势产业、优势资源、优势企业和要素保障集聚，把握市场需求，充分发挥主导产品的优势，推进同业集聚和产业协作，发挥其带动功能，加大整合力度，从而走上一条节约、集约的资源可持续利用之路。

实践证明，工业集中发展不仅可以结合增长方式的转变，把服务、土地、劳动力等优势聚集在一起，形成规模效益，产生集聚效应，成为加速工业化和城镇化进程的有效途径，而且成为经济发展的带动平台，体制和科技创新的试验平台。

近年来，全球的跨国公司纷纷采取“集聚生存”这种生存战略。“集聚生存”是指各个跨国公司基于各自核心竞争优势，为了获取合作伙伴的互补性资产，以扩大企业利用外部资源的边界，增强彼此的市场竞争地位，形成了一种事实上的相互依赖和互为客户或以联盟为发展的基础。跨国公司的集聚生存既是市场激烈竞争的结果，也是市场竞争的反映。随着社会分工的深化和竞争的加剧，任何一个公司都无法仅依靠自己的力量在价值链的每个环节都取得优势地位。相反，竞争促使各跨国公司将自身的资源逐渐集中于其最具优势的环节或能力，而将其不具竞争优势或优势较小的业务部分外包给其他公司。这种业务调整的结果是：各跨国公司只专注于自己最擅长的领域，而通过协议或客户网络获得公司生存所必需的外部资源支持。跨国公司这种业务整合是随着科技进步、分工细化以及市场结构的变迁持续进行的。跨国公司持续的业务分化组合的结果在客观上促进了价值链上相关公司的发展，这些公司的发展反过来更有利于跨国公司集中自身优势于全球竞争——这是一种相互依赖的网络化生存关系。集体化生存使各公司均获得了一种仅靠自身力量无法得到的市场竞争优势地位，形成了一种集聚效应。

纽约这座国际大都市是世界最大跨国公司总部最为集中之地，它可谓是全球总部经济成功典范。在财富500强公司中有46家公司总部选在纽约，并发展形成了与之配套的新型服务业。在纽约，有法律服务机构5346个，管理和公关机构4297个，计算机数据加工机构3120个，财会机构1874个，广告服务机构1351个，研究机构757个。纽约有制造业公司1.2万家，许多全球制造企业都在这里设立了总部机构（如洛克菲勒中心），同时纽约还是名副其实的国际金融经济中心。

香港总部经济助推国际化大都市转型。香港已经吸引数千家跨国公司在港设立亚太总部，地区总部，香港的中环区便是总部聚集的区域。目前，这一地区集中了大量的金融、保险、地产及商用服务行、中国银行新总部等，已发展为成熟而标准的CBD，成为香港经济的“心脏”。

对我国来说，跨国公司来中国集聚产生的效应，有利有弊。跨国公司和国际资本集聚中国，促进了中国的资本形成和资本积累，中国产业结构调整与升级，先进技术和人才的引进，国内就业水平的提高和当地政府的赋税收入的增加。不过中国企业也因此将面临越来越多的具有国际竞争优势的跨国公司的挑战。

测不准定律：越是“测不准”越有创造性

我们生活在一个“测不准”的世界

德国物理学家海森堡的量子力学的测不准定律，带来了物理学上的革命，他也因此获得诺贝尔奖。这一定律冲破了牛顿力学中的死角，表明人类观测事物的精准程度是有限的，或者说错误难免，任何事皆有可能。

而对于经济学来说，索罗斯则发现了“经济学的测不准定律”。这个创造了许多金融奇迹的人，依然在创造着惊涛骇浪般的奇迹。索罗斯号称“金融天才”，从1969年启动的“量子基金”，以平均每年35％的增长率令华尔街的同行目瞪口呆。他似乎在用一种超常的力量左右着世界金融市场，创下了许多令人难以置信的业绩。

传统的经济学理论总是宣扬市场如何有规律如何有理性，而在多年的经商过程中，索罗斯却发现那些经济理论是那么地不切实际。他对华尔街进行深入分析，察觉金融市场的现实其实就是混乱无序。市场中买入卖出决策并不是建立在理想的假设基础之上，而是基于投资者的预期，数学公式是不能控制金融市场的。人们对任何事物能实际获得的认知都并不是非常完美的，投资者对某一股票的偏见，不论其肯定或否定，都将导致股票价格的上升或下跌，因此市场价格也并非总是正确的，总能反映市场未来的发展趋势的，它常常因投资者以偏概全的推测而忽略某些未来因素可能产生的影响。

实际上，并非目前的预测与未来的事件吻合，而是目前的预测造就了未来的事件。所谓金融市场的理性，其实全依赖于人的理性，赢得市场的关键在于如何把握群体心理。投资者的狂热会导致市场的跟风行为，而不理性的跟风行为会导致市场崩溃。这就是他所提出的经济学“测不准定律”。所以，投资者在获得相关信息之后做出的决定，与其说是根据客观数据作出的预期，还不如说是根据他们自己心里的感觉作出的预期。

同时，索罗斯还认为，由于市场的运作是从事实到观念，再从观念到事实，一旦投资者的观念与事实之间的差距太大，无法得到自我纠正，市场就会处于剧烈的波动和不稳定的状态，这时市场就易出现“盛—衰”序列。投资者的赢利之道就在于推断出即将发生的预料之外的情况，判断盛衰过程的出现，逆潮流而动。但同时，索罗斯也提出，投资者的偏见会导致市场跟风行为，而盲目从众的跟风行为会让人们过度投机，最终的结果就是市场崩溃。

当然，在“测不准”当中，他又有“测得准”的由盛而衰的波动定律，投资者的赢利之道就在于及时地推断出即将发生的新情况，逆流而动。可究竟何时动何时不动，又完全取决于投资者本人的悟性。他说：“股市通常是不可信赖的，因而，如果在华尔街你跟着别人赶时髦，那么，你的股票经营注定是十分惨淡的。”

股市的测不准现象比比皆是。在 2008 年的经济背景下，国际金融危机、国内经济压力重重，分析师们存忧患意识，看空市场理所当然。但市场却否极泰来，反而杀出了一条血路，正应了这句名言：这是最坏的时候，这也是最好的时候，但过去的毕竟已经过去，股市着眼于今天和明天。在 2010 年之前，连续 5 年相关机构对股市的预测都看走了眼，大多数机构在年末对来年股市的走势都判断失误。其中 2009 年的股市报告，大家都可以当笑话来读，大多数专业人士的判断是 2009 年股市上半年没有行情，下半年有小行情，房市可能会崩盘。可是最后结果证明，2009 年房市、股市走出了大牛市。

机构的预测报告本来就是顺应媒体和股民的需求而产生的，那些企图预测股市的人，天天在预测，而股市的结局跟足球赛一样，是不可预测的。从科学的角度看，本来就“测不准”的，点位测市行为本身是错的，却偏要作个正确的预测结果出来，自然是难以做得准了。

近年来，另一个遵循“测不准”原理的就是国际原油价格。许多人热衷于预测油价，对油价走势进行判断，但油价预测已经无异于猜谜游戏。因为影响油价的因素实在太多：影响油价的基本原理应该是市场供求关系，但地缘政治冲突、自然灾害影响、恐怖活动威胁以及基金投机炒作等因素扭曲了国际石油市场供需的真相，国际油价随之大起大落，上涨之高甚至大大超出一般预期。

从经济学视窗看“测不准”

经济学中常用的马歇尔局部均衡“供给—需求”模型，这一模型包含相当多的“其余条件”，如偏好稳定、市场出清、不考虑其他商品等，可是在现实经济生活中，这一点是无法办到的，我们无法构筑这样一个定律能够完全发挥作用的环境。

1974 年，美国政府为清理翻新自由女神像扔弃的废料，向社会广泛招标。由于美国政府出价太低，好几个月没人应标。正在法国旅行的一个得克萨斯人听说了这件事，立即乘飞机赶往纽约，看过自由女神像下堆积如山的钢块、螺丝和木料，他喜出望外，未提任何条件。当即就签字包揽了下来。纽约的许多运输公司为他的这一愚蠢举动暗自发笑，因为在纽约州，对垃圾的处理有严格的规定，弄不好就要受到环保组织的起诉。就在一些人要看这个得克萨斯人的笑话时，他开始组织工人对废料进行分类。他让人把废铜熔化，铸成小自由女神像，用废水泥块和木头块加工成底座，把废铅、废铝做成纽约广场型的钥匙挂，最后他甚至把从自由女神像上扫下的灰尘都包装起来，出售给花店。不到 3 个月的时间他让这堆废料变成了 350 万美元现金，使每磅铜的价格整整翻了 1000 倍。

不得不承认，生活中有时候一个创意带来的实际成效，抵得上 100 个人缺乏创新的千篇一律的劳动。实现这种大幅度的飞跃，不仅需要主动性，还需要发挥创造力。在新的未知领域，有很多难以准确估计、精确测量的不确定性，但这些地方也正是提供跳跃的最好平台。比如，资金是制约企业初期创业发展的一个重要因素，这就为企业的前途增加了不确定性。但是，有的时候，越缺少资金，企业对市场的适应性也会因此越强。因为过分依赖资本本身就会使得公司面临风险。所以企业轻装上阵，反而能没有负担地发挥创造性。

【定律链接】创意经济发展七模式

政府驱动型：以国际战略形态由政府积极推动创意产业发展的类型。该类型以美国、英国、日本、新加坡、韩国和中国香港地区为代表，尤以英国政府1997年后大力推动的“创意工业”成效最为显著。

艺术家驱动型：原生态的创意经济形态。其主要代表是闻名于世的美国纽约市的soho区。近几年在中国出现的北京798厂大山子艺术区、上海苏州河仓库艺术区、昆明上河创库区等，是创意产业在中国开始起步的先声。

社区合作型：指政府在公共发展的区域政策指导下，在调动财政、税收、金融、补贴、科研、规划等政府力量的同时，充分发挥市场、社会、企业不同的创新力量，吸引各国各地创意阶层共同参与，形成复合性的区域创新商业模式创意产业新社区。这种发展形态以90年代以来东柏林旧城区的成功改造最具代表性。

传统保护型与旅游泛化型：依据本地城镇与街区的传统文化、建筑、工艺与人文资源，或利用专项基金进行传统艺术或遗产文明的保护性移植、复制与传承，均可以列为创意经济的范围；而旅游泛化型则多依靠旅游经济带动，在以旅游为主的同时，由创意艺术家与商家相互促动形成新的创意工业。

企业推动型：企业推动型是指企业依靠自身的资源与优势，在发现、识别并选择创意经济作为企业投资的产品方向后，整合社会创意与中介人群，与其他街区社区的发展定位形成互动与差异，成为当地创意产业的主力推动者这一创意经济发展类型。其成功案例有深圳华侨城的旅游地产双主题开发模式，成都置信地产古城再造与旅游地产模式，北京红石地产“长城公社”试验性建筑俱乐部模式，上海证大地产现代艺术馆与商业地产一体模式等等。

第六章　决策中的学问

机会成本：鱼和熊掌不能兼得

有选择就有机会成本

在阳光明媚的午后，你好容易处理完公司的财务报告，想喝杯下午茶休息一下，你可能会考虑甜点选择，豆沙糕还是巧克力薄饼。

“豆沙糕还是巧克力薄饼”类似于“鱼与熊掌”，这种选择实际上就是一种机会成本的考虑。

如果你喜欢吃豆沙糕，也喜欢吃巧克力薄饼，在两者之间选择时，接受豆沙糕的机会成本是放弃巧克力薄饼。如果吃豆沙糕的收益是5，那么吃巧克力薄饼的收益是10。这样，吃豆沙糕的经济利润是负的，所以你会选择吃巧克力薄饼，而放弃豆沙糕。

值得注意的是，有些机会成本是可以用货币进行衡量的。比如，要在某块土地上发展养殖业，在建立养兔场还是养鸡场之间进行选择，由于二者只能选择其一，如果选择养兔就不能养鸡，那么养兔的机会成本就是放弃养鸡的收益。在这种情况下，人们可以根据对市场的预期大体计算出机会成本的数额，从而做出选择。但是有些机会成本是无法用货币来衡量的，它们涉及人们的情感、观念等。

机会成本广泛存在于生活当中。一个有着多种兴趣的人在上大学时，会面临选择专业的难题；辛苦了5天，到了双休日，是出去郊游还是在家看电视剧；面对同一时间的面试机会，选择了一家单位就不能去另一家单位……对于个人而言，机会成本往往是我们做出一项决策时所放弃的东西，而且常常比我们预想中的还多。

人生面临的选择何其多，人们无时无刻不在进行选择。比如是继续工作还是先去吃饭，是在这家商店买衣服还是在那家商店买衣服，是买红色的衣服还是黄色的衣服，心中有个秘密是告诉朋友还是不告诉朋友，如果告诉又告诉哪些朋友……这些选择在生活中很常见，不过似乎并不重大，所以大家轻松地做出了选择，也不会慎重考虑。

机会成本越高，选择越困难，因为在心底，我们不愿放弃任何有益的选择。但是，我们有时必须“二选一”，甚至是“三选一”，在这时，机会成本的考量将显得尤为重要。

赌博，赢不来幸福

皮皮一家的好日子在男主人失业后终止了。因为赶上金融危机，公司裁员，皮皮的男主人不幸名列其中。下岗在家赋闲的男主人成天唉声叹气，但厄运还没有结束，因为少了主要的经济来源，他们还不起贷款，不得已之下，男主人和女主人决定搬出这所房子，去找一个更小更便宜的住所。

问题随之而来，既然要节省开支，便无法养狗了，于是他们将皮皮一家三口赶了出来。皮皮一家没有了住处，只得到处流浪。皮皮在一夜之间成了无家可归的流浪狗。

那段日子，皮皮总是吃了上顿没下顿，过着没着没落的日子。一天，正当皮皮饿着肚皮睡觉的时候，爸爸忽然很兴奋地走过来，嘴里叼着一大块排骨，闻到肉香，皮皮一跃而起。它一边咬下一大块肉，一边问爸爸：“这肉是从哪来的？”

“赌博赢来的。”爸爸的话让皮皮吃了一惊。

“村头有赛狗的，每天一场，谁赢了，谁就能赢得一大块排骨。”皮皮爸爸解释道。皮皮知道那样的赛狗，就是抽签决定两条狗，进入围场殴斗，决出胜负。

皮皮担忧地说：“但是，爸爸，万一你被抽中和一条大狗比赛，你会输得很惨的。”

爸爸不以为然：“放心，我已经找到规律了，只要我把自己的签放到最后，被抽中的对手总是弱小的狗。”

妈妈也表示了赞同：“这倒是一个好办法，以后，我和皮皮就不用挨饿了。”

赌博中取得胜利的几率十分小，这就好像经济学中常说的机会成本一样。纯粹的赌博是不存在理性上的投资收益的，只不过是数学里的离散游戏而已，是概率论和经济博弈论的运用，每一次赌博的赢输概率都是一样的，这在概率论里称为“伯努利事件”。

赌博能赚到钱吗？看似非常简单的逻辑，许多人却常常栽在其中。典型的例子就是，赌徒在输钱后，总是想翻本。输掉的钱就是沉没成本，它不可能再收回来，新的“选择”是：是不是还要继续赌下一盘？再赌下一盘的收益风险是多少？这便是机会成本，我们作出一个选择后所丧失的，不作这个选择而可能获得的最大利益。

皮皮的爸爸将自己的签放到最底层，的确被抽中的几率不大，但不是完全没有可能的。皮皮的爸爸和弱势的狗殴斗，每天可以领取一块排骨，这份利润的确可观。但如果一旦被抽中与强悍的狗殴斗，那它势必会落败，一天一块排骨的收益也就没有了，而且还有可能丧命。皮皮爸爸的这种行为便可理解为机会成本。

经济学家们对此的理解便是皮皮的爸爸用自己的性命在做赌注，以赢取那一块排骨，这实际上是亏损的。果然，没过几天，皮皮担心的事就发生了。

那天和往常一样，爸爸又去赛狗，一直到晚上，它才一瘸一拐地回来了。皮皮一看就知道出事了，爸爸缓了好半天之后，才道出原委。原来那天它一去就被抽中，等它上台后，才发现对手又高又壮，是一条猎犬。

但已经上台了，皮皮爸爸只得硬着头皮打下去。很快，它被猎犬打得伤痕累累，在地上趴了好半天，才能挪着回来。

“爸爸，我早就说过，你会被大狗打得遍体鳞伤的。”皮皮看着爸爸一身的伤痕，心疼地说道。

爸爸也叹气道：“我以为他们不会将两张连在一起的号码抽出来，没想到他们还真这样做了。”

皮皮看到爸爸痛苦的样子想，以后做选择一定要慎重，这种赌徒的心态是要不得的。

可以毫不夸张地说，目前比较流行的六合彩、牌九、大小、麻将、24点、赌球、赌马等都不存在长期投资必然赢利的可能性，否则那些华尔街金融投资家早就进入了。因为这些赌博都不符合经济学的条件，所以妄图靠这种赌博来博取一夜暴富，或者挣点零花钱，是不可取的。很多好赌者，包括故事中皮皮的爸爸，就是走入了这个误区，最后才伤得那么重。

赌博只是将机会成本在主观意识上放到最大，对于这种总是把成功寄希望于小概率事件的赌徒而言，失败之后的痛楚是他们无＝法承受的。

有时候，我们总是忽视对机会成本的计算，机会成本其实就是揭示了资源稀缺与选择多样化之间的关系。我们必须要做出选择，因为我们不能将所有资源都占到，所以，当我们只能选择一部分资源的时候，机会成本也便成了约束我们的概念。

【定律链接】用“机会成本”进行家庭理财

说得直白些，“机会成本”的思想，就是人们为了得到某种东西而放弃的东西的最大价值。在家庭理财的经济决策过程中，我们也应学会用机会成本来分析问题。

例如，今年你可能决定把家庭10万元的余钱投资到股市，并赚到了2000元的利润。你是否认为这次投资是正确的？答案是不一定。因为没有考虑到投资股票的机会成本。你本来可以把这10万元投资基金或者债券，甚至直接存到银行。投资股票的机会成本就是投资基金、债券或者银行赚到的利润。只有当你投资股票赚到的2000元利润大于其机会成本时，这一投资才是合算的。

我们在日常生活中，经常要面临各种决策，在决策过程中要面临各种选择，在做出选择的同时就必然要考虑选择的机会成本，并比较各种机会成本的大小。只有选择方案的收益大于其机会成本，这个选择方案才是正确的。因此，机会成本对每个人来说都是一个很重要的因素，因为只有充分考虑机会成本，我们所作的决策才会更加明智。

羊群效应：别被潮流牵着鼻子走

有种选择叫“跟风”

喝惯了绿茶、橙汁、果汁的人们如今有了新的选择，以“王老吉”“苗条淑女动心饮料”等为代表的一批功能性饮品纷纷开始上市。值得关注的是，这些饮料并不是由传统的食品、饮料企业推出的，生产它们的是——药企。

这些功能性饮料的显著特点是，它们除了饮料所共有的为人体补充水分的功能外，都有一些药用的功能，比如去火、瘦身。伴随着“尽情享受生活，怕上火，喝王老吉”这句时尚、动感的广告词，“王老吉”一路走红，大举进军全国市场。虽然“王老吉”最初流行于我国南方，北方人其实并没有喝凉茶的传统，但是王老吉药业巧妙地借助人人皆知的中医理念，成功地把“王老吉”打造成了预防上火的必备饮料。淡淡的药味，独特的清凉去火功能，令其从众多只能用来解渴的茶饮料、果汁饮料、碳酸饮料中脱颖而出。酷热的夏天，加上人们对川菜的喜爱，给了消费者预防上火的理由，当然也给了人们选择“王老吉”的理由。

然而这里药品专家提醒广大消费者：理性消费不跟风。医学专家指出，在王老吉凉茶的配料中，菊花、金银花、夏枯草以及甘草都是属于中药的范畴，具有清热的功能，药性偏凉，不宜当做普通食品食用。专家表示，夏枯草的功用是清肝火、散郁结，用于肝火目赤肿痛，头晕目眩，耳鸣、烦热失眠等症，它和菊花、金银花配在一起使用时，应根据具体对象的身体状况对症使用。专家认为，凉茶这种饮料并非老少皆宜，脾胃虚寒者以及糖尿病患者都不宜饮用。脾胃虚寒的人饮用后会引起胃寒、胃部不适症状，而糖尿病患者饮用后则会导致血糖升高。可见，功能性饮料并不是适合所有人群。

这也提醒了我们在消费的同时不要盲目跟风，要做到理性消费。经济学上有一个名词叫“羊群效应”，是说在一个集体里人们往往会盲目从众，在集体的运动中会丧失独立的判断。

在一群羊前面横放一根木棍，第一只羊跳了过去，第二只、第三只也会跟着跳过去；这时，把那根棍子撤走，后面的羊，走到这里，仍然像前面的羊一样，向上跳一下，这就是所谓的“羊群效应”，也称“从众心理”。羊群是一个很散乱的组织，平时在一起也是盲目地左冲右撞，但一旦有一只头羊动起来，其他的羊也会不假思索地一哄而上，全然不顾前面可能有狼或者不远处有更好的草。

因此，“羊群效应”就是比喻人都有一种从众心理。从众心理很容易导致盲从，而盲从往往会使你陷入骗局或遭到失败。

其实，在现实生活中，类似的消费跟风的例子还真不少。比如每年大学必有的“散伙饭”。

所谓的“散伙饭”就是“离别饭”。三四年的同学、宿舍密友，转眼间就要各奔东西了，这个时候自然要聚一聚，喝酒、聊天，于是，“散伙饭”成了大学生表达彼此间依依惜别之情的方式。

然而，作为大学里最后记忆的“散伙饭”，却渐渐地变了味道。“散伙饭”不仅越吃越多，还越吃越高档，成了“奢侈饭”。

大学生毕业的时候吃“散伙饭”，显然已经成了一种惯例，届届相传。其实，“散伙饭”只是大学生的一种“跟风”现象。

看到以前的学长们在吃“散伙饭”，看到周围的同学在吃“散伙饭”，自己怎能不吃呢？

这种一味地跟风，只图一时宣泄情绪的行为，往往给许多学生的家庭带来了财务负担。对家庭而言，培养一个大学生已经花费了不少钱财，豪华的饭局更加重了家庭的负担。家庭富裕的也许并不会在意什么，然而家庭比较贫困的呢？为了不丢孩子的面子，再“穷”也要让孩子在大学的最后时刻风风光光地毕业。这不仅突出了同学间的贫富不均的现象，反而容易引起贫困生们的自卑心理。对于学生而言，绝大多数都是依赖父母，有钱就花，花完再要，大摆饭局只为跟风、攀比，满足彼此的虚荣心，十分不利于培养学生正确的理财观、消费观，助长了社会“杯酒交盏，排场十足”的铺张浪费之风。不仅如此，错误的消费观还会影响到大学生日后就业，他们所挣的工资可能连在校时的消费水平都不如，这也就相应地加大了他们就业的压力。

“羊群效应”告诉我们，许多时候，并不是谚语说的那样——“群众的眼睛是雪亮的”。在市场中的普通大众，往往容易丧失基本判断力，人们喜欢凑热闹、人云亦云。有时候，群众的目光还投向资讯媒体，希望从中得到判断的依据。但是，媒体人也是普通群众，不是你的眼睛，你不会辨别垃圾信息就会失去方向。所以，收集信息并敏锐地加以判断，是让人们减少盲从行为，更多地运用自己理性的最好方法。

赢在自己，做一匹特立独行的狼

老猎人圣地亚哥最喜欢听狼嚎的声音。在月明星稀的深夜，狼群发出一声声凄厉、哀婉的嚎叫，老人经常为此泪流满面。他认为那是来自天堂的声音，因为那种声音总能震撼人们的心灵，让人们感受到生命的存在。

老人说："我认识这个草原上所有的狼群，但并不是通过形体来区分它们，而是通过声音—狼群在夜晚的嚎叫。每个狼群都是一个优秀的合唱团，并且它们都有各自的特点以区别于其他的狼群。在许多人看来，狼群的嚎叫并没有区别，可是我的确听出了不同狼群的不同声音。"

狼群在白天或者捕猎时很少发出声音，它们喜欢在夜晚仰着头对着天空嚎叫。对于狼群的嚎叫，许多动物学家进行过研究，但不能确定这种嚎叫的意义。也许是对生命孤独的感慨，也许是通过嚎叫表明自身的存在，也许仅仅是在深情歌唱。

在一个狼群内部，每一匹狼都具有自己独特的声音，这声音与群体内其他成员的声音不同。狼群虽然有严格的等级制度，也是最注重整体的物种，但这丝毫不妨碍它们个性的发展和展示，即使是具有最大权力的阿尔法狼，也没有权力去要求其他的狼模仿自己的声音和行为，每一匹狼都掌握着自己的命运和保留着自己的独立个性。同样，就投资而言，我们每一个人的未来终归掌握在自己手里。你愿意去做一只待宰的羔羊，还是做一匹特立独行的狼？

答案很明确，做一只待宰的羔羊肯定会被狼吃掉。可是，人们在实际的投资过程中，往往意识不到自己在不经意间已经加入了羊群。

我们要时刻保持警惕，时刻保持自己的个性，时刻保持自己的创造性，自己把握自己的未来。

下面，我们再来看一个特立独行者的例子：

20世纪50年代，斯图尔特只是华盛顿一家公司的小职员。一次，他看了一部表现非洲生活的电影，发现非洲人喜爱戴首饰，就萌发了做首饰生意的念头。于是他借了几千美元，独自闯荡非洲。

经过几年的努力，他的生意已经做到了使人眼红的地步，世界各地的商人纷纷赶到非洲抢做首饰生意。

面对众多的竞争者，斯图尔特并不留恋自己开创的事业，拱手相让，从首饰生意中走出来，另辟财路。

斯图尔特的成功就是靠“独立创意”这一制胜要诀，这是他善于观察、善于思考的结果。

要想有独立的创意，就不要人云亦云，一定要培养自己独立思考的能力。

【定律链接】由从众的石油大亨看盲目投资心态

有一个非常幽默的故事：

一位石油大亨到天堂去参加会议，一进会议室，发现座无虚席，自己没有地方落座。于是，他灵机一动，大喊一声：“地狱里发现石油了！”

这一喊不要紧，天堂里的石油大亨们纷纷向地狱跑去，很快，天堂里就只剩下那位石油大亨了。

这时，大亨心想，大家都跑了过去，莫非地狱里真的发现石油了？

于是，他也急匆匆地向地狱跑去。

通过这个故事我们发现，人们都有一种从众心理，这种盲从的现象就是“羊群效应”。

在实际的投资生活中，这种从众的“羊群效应”现象也比比皆是，但是，那些从众的“羊”，并没有像自己想象中的那样赚到利润，而是很容易地成为了被“宰割”的对象。

就拿中国目前的股市来说，很多散户被股市情绪控制，从而出现从众心理：好的时候都蜂拥而上，坏的时候都消极沮丧。其实，在股市投资中，往往是少数人的看法才是正确的。

例如，股市大亨们想从散户手中拿到廉价的筹码，一般喊一嗓子：“天堂在2500点以下！”结果，那些原先看好3000点的散户都会纷纷放弃原有位置，蜂拥到2500点去寻找自己的天堂。但是，通往2500点的路很快就被截断了，当他们不得不回来后，却发现自己原来的位置被大亨们占据了。两手空空的散户们仍然渴望进入天堂，这时，大亨们又喊话了：“上帝说，真正的天堂是在5000点上方。”有些散户忘了先前吃的亏，再一次相信这种忽悠，同时，由于从众心理，其他散户也会随之争先恐后涌向5000点，而大亨们早就半道下车了。真正倒霉的，就是那些没有主见、盲从的散户。

事实上，无论是投资股票、基金，还是自己投资开公司，心态是非常关键的。社会心理学家研究发现，持某种意见的人数多少是影响从众心理最重要的一个因素，很少有人能够在众口一词的情况下，还坚持自己的不同意见。

虽然我们每个人都认为自己有判断能力，但是，在很多时候，我们总是不自觉地随大流，因为我们每个人不可能对任何事情都了解得一清二楚，对于那些自己不太了解、没有把握的事情，一般就会采取随大流的做法。然而，这种做法带来的收益，往往与我们期望的大相径庭。

所以，在现实生活中，一方面，我们要保持自己心态的独立性，一旦认准了一只金蛋，就不要被别人的言论左右，假以时日让它孵化成金鸡；另一方面，我们要学会理智、不盲目，多做研究和分析，不要被众人跟风的表象迷惑，要学会透过现象看本质，以伯乐的眼光审时度势。

沉没成本：难以割舍已经失去的，只会失去更多

别在“失去”上徘徊

阿根廷著名高尔夫球运动员罗伯特·德·温森在面对失去时，表现得非常令人钦佩。一次，温森赢得了一场球赛，拿到奖金支票后，正准备驱车回俱乐部，就在这时，一个年轻女子走到他面前，悲痛地向温森表示，自己的孩子不幸得了重病，因为无钱医治正面临死亡。温森二话没说，在支票上签上自己的名字，将它送给了年轻女子，并祝福她的孩子早日康复。

一周后，温森的朋友告诉温森，那个向他要钱的女子是个骗子。温森听后惊奇道：“你敢肯定根本没有一个孩子病得快要死了这回事？”朋友做了肯定的回答。温森长长出了一口气，微笑道：“这真是我一个星期以来听到的最好的消息。”

温森的支票，对于他而言是已经付出的不可回收的成本，他以博大的胸襟坦然面对自己的“失”，这是一种对待沉没成本的正确态度。

如果你预订了一张电影票，已经付了票款而且不能退票，但是看了一半之后觉得很不好看，你该怎么办？

这时有两种选择：忍受着看完，或退场去做别的事情。

两种情况下你都已经付钱，所以不应该再考虑钱的事。当前要做的决定不是后悔买票了，而是决定是否继续看这部电影。因为票已经买了，后悔已经于事无补，所以应该以看免费电影的心态来决定是否再看下去。作为一个理性的人，选择把电影看完就意味着要继续受罪，而选择退场无疑是更为明智的做法。

沉没成本从理性的角度说是不应该影响我们决策的，因为

不管你是不是继续看电影，你的钱已经花出去了。作为一个理性的决策者，你应该仅仅考虑将来要发生的成本（比如需要忍受的狂风暴雨）和收益（看电影所带来的满足和快乐）。

有一位先生，总是带着一条颜色很难看的领带。当他的朋友终于忍不住告诉他这条领带并不适合他时，他回答："哎，其实我也觉得这条领带不是很适合我，可是没办法，花了 500 多块钱买的，总不能就扔在抽屉里睡大觉吧？那不是白白浪费了？"

这种情况十分普遍，人们在做决策的时候，往往不能割舍沉没成本，不少人还将整个人生陷入沉没成本的泥潭里无法自拔：毫无音乐细胞的人坚持把钢琴学下去，因为耗资不菲的钢琴，并且已经花不少钱报了钢琴班；两个性格不合的情侣早就没有了爱情和甜蜜，勉强在一起只因为已经在一起这么久了，为对方已经付出了那么多，怎么也耗到结婚吧……

其实，我们应该承认现实，把已经无法改变的"错误"视为昨天经营人生的坏账损失和沉没成本，以全新的面貌面对今天，这才是一种健康的、快乐的、向前看的人生态度，以这样的态度面对人生才能轻装上阵，才会有新的成功、新的人生和幸福。

忘记沉没成本，向前看

皮皮和爸爸最近住在一户人家的花园里。那家人很热情，9 岁的儿子很喜欢狗，除了皮皮和爸爸，花园里还有一只可爱的小狼狗，主人常给小狼狗洗澡，带它晒太阳，皮皮看得出，这条小狼狗与这家人的感情很好。

但有一天，皮皮听到了一阵惨叫，它发现小狼狗被隔壁的大狗给咬死了。皮皮大叫，主人和他 9 岁的儿子赶紧出门，看到这幕惨剧，主人的儿子十分伤心，他拿着棍子就去打那条大狗。

主人却一把把他抱住："既然我们的狼狗已经死了，就不要再伤害另外一条狗了。我相信，它也不是故意的。"

满脸泪痕的小孩被主人带进了屋，皮皮不满意了："这个男主人真是冷血，自己的宠物被咬死了，也不报仇，就这样算了，真没感情。”

皮皮爸爸说：“反正都死了，就算把那条大狗杀死，这条小狼狗也是不可能复活的，这样的沉没成本何必让它再增加呢？”

皮皮摇头表示不明白。

皮皮爸爸接着启发他：“好比一盆水被泼在地上，你再努力也不可能把它收回来，所以不如放弃，这就是已经成为定局的沉没成本。”

皮皮似懂非懂。

覆水难收比喻一切都已成为定局，不能更改。在经济学中，我们引入“沉没成本”的概念，代指已经付出且不可收回的成本。就好比小狼狗被大狗咬死已经成为定局，如果再打死大狗，也无法挽回，却还要支付那家主人的赔偿，所以，此刻就不能冲动。

当然，除了“冤枉钱”以外，沉没成本有时候只是商品价格的一部分。

这天，主人推着刚买不久的自行车去卖，下午他回来的时候，一脸不高兴。儿子上前问道：“爸爸，你怎么了？”

“我才买的车，还是新的呢，结果到了市场上，他们每个人的开价都是那么低，我真是亏死了。”主人一肚子怨气。

“不要生气了，如果你不卖，过几天价格会更低的。”儿子安慰他。

爸爸对皮皮说：“其实这也是一种沉没成本的表现。”

故事中，主人买了一辆自行车，骑了几天后低价在二手市场卖出，此时原价和他的卖出价间的差价就是沉没成本。在这种情况下，沉没成本随时间而改变，那辆自行车骑的时间越长，一般来说卖出的价会越低，这是不可避免的，当一项已经发生的投入无论如何也无法收回时，这种投入就变成了沉没成本。

每一次选择我们都要付出行动，每一次行动我们都要投入。

不管我们前期所做的投入能不能收回，是否有价值，在做出下一个选择时，我们不可避免地会考虑到这些。最终，前期的投入就像坚固的铁链一样，把我们牢牢锁在原来的道路上，无法做出新的选择，而且投入越大，我们便被锁得越结实。可以说，沉没成本是路径依赖现象产生的一个主要原因。

总之，对于沉没成本不需要计较太多，就好像覆水难收，过去的就让他过去吧。这其实也是一种乐观主义精神，只要坚持下去，任何事情都会有回报的。朝前看，不回头，这样才正确。

【定律链接】换个角度想一想，“失去”也是好事情

既然沉没成本被视为“成本”的一种，那都是可能带来收益的，或许它的收益不是“种瓜得瓜种豆得豆”这样显而易见的，但绕个弯想想，当你遭遇某一种不幸的时候，或许恰恰避免了更大的不幸。

一次，印度的“圣雄”甘地乘坐火车出行，当他刚刚踏上车门时，火车正好启动，他的一只鞋子不慎掉到了车门外。就在这时，甘地麻利地脱下了另一只鞋子，朝第一只鞋子的方向扔去。有人奇怪地问他为什么？甘地道：“如果一个穷人正好从铁路旁经过，他就可以拾到一双鞋，这或许对他是个收获。”

无论是甘地的鞋子还是前面温森的支票，对于他们而言都如同泼出去的水，但他们都以豁达的胸襟坦然面对自己的“失”，不仅丝毫不计较沉没成本给自己带来的损失，甚至看到了其背后的收益——给穷人留下了一双鞋。

任何事情的出现都只可能有两种结果，一种是好的，一种是坏的，各占50%的几率，万事万物都是如此。我们不妨也以这样的角度来看待沉没成本。

有一个故事说，两个旅行中的天使到一个非常贫穷的农家借宿。夫妇俩对他们非常热情，把仅有的一点食物拿出来款待

客人，并且让出自己的床铺给天使睡。第二天一早，天使醒后发现农夫和他的妻子在哭泣，他们唯一的生活来源——一头奶牛死了。

这时，年轻一些的天使非常愤怒，质问老天使为什么对如此善良的家庭，却没有动用一点法力来阻止奶牛的死亡。

老天使说，不发生不幸的另一种可能为什么就一定就是幸运呢？为什么不可能是更大的不幸呢？——昨天晚上，死神来招唤农夫的妻子，我让奶牛代替了她。

“塞翁失马焉知非福”的典故众人皆知，骑马摔断了腿本是件坏事，却因此免于征战保全了性命，这就是沉没成本显而易见的收益。可见，所有的事情都不能片面地单看事情本身，“祸兮福之所倚，福兮祸之所伏”，不仅是耳熟能详的古训，更是很多人生活经历的真实感受。因此，当生活中发生不幸的沉没成本时，我们不妨将它也看作是一种特殊的投资，或许我们会从另一个方面有所收获。

最大笨蛋理论：你会成为那个最大的傻瓜吗

没有最笨，只有更笨

1908～1914 年间，经济学家凯恩斯拼命赚钱，他什么课都讲，经济学原理、货币理论、证券投资等。凯恩斯获得的评价是：“一架按小时出售经济学的机器。”

凯恩斯之所以如此玩命，是为了日后能自由并专心地从事学术研究以免受金钱的困扰。然而，仅靠讲课又能积攒几个钱呢？

终于，凯恩斯开始醒悟了。1919 年 8 月，凯恩斯借了几千英镑进行远期外汇投机。4 个月后，净赚 1 万多英镑，这相当于他讲 10 年课的收入。

投机生意赚钱容易，赔钱也容易。投机者往往有这样的经历：开始那一跳往往有惊无险，钱就这样莫名其妙进了自己的腰包，飘飘然之际又倏忽掉进了万丈深渊。又过了 3 个月，凯恩斯把赚到的钱和借来的本金亏了个精光。投机与赌博一样，人们往往有这样的心理：一定要把输掉的再赢回来。半年之后，凯恩斯又涉足棉花期货交易，狂赌一通大获成功，从此一发不可收拾，几乎把期货品种做了个遍。他还嫌不够刺激，又去炒股票。到 1937 年凯恩斯因病金盆洗手之际，他已经积攒了一生享用不完的巨额财富。与一般赌徒不同，他给后人留下了极富解释力的“赔经”——最大笨蛋理论。

什么是“最大笨蛋理论”呢？凯恩斯曾举例说：从 100 张照片中选择你认为最漂亮的脸蛋，选中有奖，当然最终是由最高票数来决定哪张脸蛋最漂亮。你应该怎样投票呢？正确的做法不是选自己真的认为最漂亮的那张脸蛋，而是猜多数人会选谁就投她一票，哪怕她丑得不堪入目。

凯恩斯的最大笨蛋理论，又叫博傻理论。你之所以完全不管某个东西的真实价值，即使它一文不值，你也愿意花高价买下，是因为你预期有一个更大的笨蛋，会花更高的价格，从你那儿把它买走。投机行为关键是判断有无比自己更大的笨蛋，只要自己不是最大的笨蛋，结果就是赢多赢少的问题。如果再也找不到愿出更高价格的更大笨蛋把它从你那儿买走，那你就是最大的笨蛋。

对中外历史上不断上演的投机狂潮，最有解释力的就是最大笨蛋理论。

1720 年的英国股票投机狂潮有这样一个插曲：一个无名氏创建了一家莫须有的公司，自始至终无人知道这是什么公司，但认购时近千名投资者争先恐后，结果把大门都挤倒了。没有多少人相信它真正获利丰厚，而是预期更大的笨蛋会出现，价格会上涨，自己会赚钱。颇有讽刺意味的是，牛顿也参与了这场投机，结果成了“最大的笨蛋”，他因此感叹：“我能计算出天体运行，但人们的疯狂实在难以估计。”

投资者的目的不是犯错，而是期待一个更大的笨蛋来替代自己，并且从中得到好处。没有人想当最大笨蛋，但是不懂如何投机的投资者，往往就成为了最大笨蛋。那么，如何才能避免做最大的笨蛋呢？其实，只要具备对别人心理的准确猜测和判断能力，在别人“看涨”之前投资，在别人“看跌”之前撤手，自己注定永远也不会成为那个最大的笨蛋。

别做最后一个笨蛋

最大笨蛋理论认为，股票市场上的一些投资者根本就不在乎股票的理论价格和内在价值，他们购入股票，只是因为他们相信将来会有更傻的人以更高的价格从他们手中接过“烫山芋”。支持博傻理论的基础是投资大众对未来判定的不一致和判定的不同步。对于任何部分或总体消息，总有人过于乐观估计，也总有人趋向悲观；有人过早采取行动，也有人行动迟缓，这些判定的差异导致整体行为出现差异，并激发市场自身的激励系统，导致博傻现象的出现。

最漂亮“博傻理论”所要揭示的就是投机行为背后的动机，投机行为的关键是判断“有没有比自己更大的笨蛋”。只要自己不是最大的笨蛋，那么自己就一定是赢家，只是赢多赢少的问题；如果没有一个愿意出更高价格的更大笨蛋来做你的“下家”，那么你就成了最大的笨蛋。可以这样说，任何一个投机者信奉的无非是“最大的笨蛋”理论。

其实，在期货与股票市场上，人们所遵循的也是这个策略。许多人在高价位买进股票，等行情上涨到有利可图时迅速卖出，这种操作策略通常被市场称之为傻瓜赢傻瓜，所以只在股市处于上升行情中适用。从理论上讲，博傻也有其合理的一面，即高价之上还有高价，低价之下还有低价，其游戏规则就像接力棒，只要不是接最后一棒都有利可图，做多者有利润可赚，做空者减少损失，只有接到最后一棒者倒霉。

再如，传销在中国曾经越炒越热，受到政府屡次打击依然不断地死灰复燃，参与传销的不仅仅是些毫无经济知识的普通人，还有许多知识分子，他们的唯一目的就是获利，再获利。一瓶兰花油成本不外乎10元，可以传成1000元甚至10000元，兰花油其实可以忽略不计，毫不犹豫买下它入会就是期待自己后面还有更大的笨蛋，这样一个笨蛋接一个笨蛋，到最后最大的一批笨蛋出现了，赢利的是早期的笨蛋们。

20世纪80年代后期，日本房地产价格暴涨，1986～1989年，日本的房价整整涨了2倍。这让日本人发现炒股票和炒房地产来钱更快，于是纷纷拿出积蓄进行投机。他们知道房子虽然不值那么多钱，但他们期待有更大的笨蛋出现，到了1993年，最大的笨蛋出现了，国土面积相当于美国加利福尼亚州的日本，其地价市值总额竟相当于整个美国地价总额的4倍。这些最大笨蛋只能跳楼来解脱了。

比如说，你不知道某个股票的真实价值，但为什么你会花高价去买一股呢，因为你预期当你抛出时会有人花更高的价钱来买它。

再如今天的房市和股市，如果做头傻那是成功的，做二傻也行，别成为最后的那个大傻子就行。博傻理论告诉人们最重要的一个道理是：在这个世界上，傻不可怕，可怕的是做最后一个傻子。

【定律链接】成功就是成为最小笨蛋

一位推销员从总公司被派到欧洲分公司，他到任的时候，带来了公司写给分公司总经理的一张字条："此人才华出众，但是嗜赌如命，如你能令他戒赌，他会成为一名百里挑一的出色推销员。"

总经理看完字条，马上把这位推销员叫到自己的办公室："听说你很喜欢赌，这次你想赌什么？"

推销员回答："什么都赌，比如，我敢说你左边的屁股上有一颗胎痣。假如没有，我输你500美元。"

这位总经理一听叫道："好。你把钱拿出来！"接着，他十分利索地脱掉裤子，让那位推销员仔细检查了一遍，证明并无胎痣，然后推销员把钱给了经理。

事后，他拨了通电话，洋洋得意地告诉CEO说："你知道吗？那位推销员被我整治了一下。""怎么回事？"于是总经理把事情的经过讲了一遍。

CEO叹了口气回答说："他出发到你那里之前，同我赌1000美金，说在见到你的5分钟之内，一定能让你把屁股给他看。"停了一会儿，又说："不过，我和董事长打赌5000美元，说你会让这个推销员参观你的屁股。"

在这场环环相扣的博弈中，每个人都很聪明，但每个人又都是笨蛋，因为他们在把别人当做筹码的同时，又成为别人赌局中的一个筹码。

消费者剩余效应：在花钱中学会省钱

愿意支付VS实际支付

在南北朝时，有个叫吕僧珍的人，世代居住在广陵地区。他为人正直，很有智谋和胆略，受到人们的尊敬和爱戴。有一个名叫宋季雅的官员，被罢官后，由于仰慕吕僧珍的人品，特地买下吕僧珍宅子旁的一幢普通房子，与吕为邻。一天吕僧珍问宋季雅："你花多少钱买这幢房子？"宋季雅回答："1100金。"吕僧珍听了大吃一惊："怎么这么贵？"宋季雅笑着回答："我用100金买房屋，用1000金买个好邻居。"

这就是后来人们常说的“千金买邻”的典故。“1100金”的价钱买一幢普通的房子，一般人不会做出如此选择，但是宋季雅认为很值得，因为其中的“1000金”是专门用来“买邻”的。

消费者在买东西时对所购买的物品有一种主观评价，这种主观评价表现为他愿意为这种物品所支付的最高价格，即需求价格。这种需求价格主要有两个决定因素：一是消费者满足程度的高低，即效用的大小；二是与其他同类物品所带来的效用和价格的比较。

在一场纪念猫王的小型拍卖会上，有一张绝版的猫王专辑在拍卖，小秦、小文、老李、阿俊4个猫王迷同时出现。他们每个人都想拥有这张专辑，但每个人愿意为此付出的价格都有限。小秦的支付意愿为100元，小文为80元，老李愿意出70元，阿俊只想出50元。

拍卖会开始了，拍卖者首先将最低价格定为20元，开始叫价。由于每个人都非常想要这张专辑，并且每个人愿意出的价格远远高于20元，于是价格很快上升。当价格达到50元时，阿俊不再参与竞拍。当专辑价格再次提升为70元时，老李退出了竞拍。最后，当小秦愿意出81元时，竞拍结束了，因为小文也不愿意出高于80元的价格购买这张专辑。

那么，小秦究竟从这张专辑中得到什么利益呢？实际上，小秦愿意为这张专辑支付100元，但他最终只为此支付了81元，比预期节省了19元。这19元就是小秦的消费者剩余。

消费者剩余是指消费者购买某种商品时，所愿支付的价格与实际支付的价格之间的差额。例如，对于一个正处于饥饿状态的人来说，他愿意花8元买一个馒头，而馒头的实际价格是1元，则他愿意支付一个馒头的最高价格和馒头的实际市场价格之间的差额是7元，这7元就是他获得的消费者剩余的量。

在西方经济学中，这一概念是马歇尔提出来的，他在《经济学原理》中为消费者剩余下了这样的定义："一个人对一物所付的价格，绝不会超过而且也很少达到他宁愿支付而不愿得不到此物的价格。因此，他从购买此物中所得到的满足，通常超过他因付出此物的代价而放弃的满足，这样，他就从这种购买中得到一种满足的剩余。他宁愿付出而不愿得到的此物的价格，超过他实际付出的价格的部分，就是这种剩余满足的经济衡量。这个部分可以称为消费者剩余。"

消费者剩余的真正根源其实就是成本。众所周知，人们想要获得任何东西都必须支付一定的成本，消费者剩余也不例外。消费者剩余的提供是需要成本的，想要获得消费者剩余，就必须支付这一成本。消费者在消费中作为剩余获得的免费收益并不是由消费者自己承担的，而是由消费者的前人和后人承担与提供的，消费者没有付出任何货币或者是努力而凭空得到了消费者剩余。前人为消费者承担的成本，主要体现在知识和科学技术上。在市场经济中，由知识和技术等要素所带来的以外部正效应形式存在的那一部分效用实际上并没有被价格机制衡量出来。也就是说，价格机制衡量出来的效用要低于它的实际效用，它们的差额就是由知识和技术等要素所带来的效用。人们花费货币买到的效用大于与他支付的货币所等价的效用，人们没有为此付费而得到了一部分效用，这部分效用就来源于知识和技术等，也意味着前人替我们承担了成本。

在市场经济中，很多商家为了让自己赚取更多的利润，会尽量让消费者剩余成为正数，于是采取薄利多销的销售策略，以此吸引更多的消费者前来购买商品。但是，我们会发现一种非常奇怪的现象，你在高档的精品屋里打折买来的东西，却与普通商场中不打折时的价格差不多，因为你被商家打折的手法诱惑了，你只获得的过多的消费者剩余是心理的满足，而付出的是自己的真金白银。

不上“一口价”的当，省不省先“砍”一下再说

很多商家为了降低成本使其利润最大化，常常会采取一些忽悠的手段来诱骗消费者购买自己的产品。

消费者想买实惠，销售者想赚实利；消费者想尽量砍低价钱，销售者则想方设法抬高价格且不让消费者看出来。于是，有些商家为了使消费者不好砍价，就与厂家联合起来在商品标签上大做文章，故意标上诸如“全国统一零售价”、“销售指导价”等字样，或者自行张贴“一口价”、“不还价”等店堂声明、告示，以此忽悠消费者。很多消费者信以为真，以为其所售的商品真就不能砍价，结果“一口价”买的却是“忽悠价”。

尤其在网上购物时，我们经常会遇到一口价商品，但不要认为标明一口价就不能议价了，这只是障眼法。一些不够精明的人往往被卖方的一口价忽悠住，以真正物品价值的几倍价钱买下商品，而自己还被蒙在鼓里。

不要上“一口价”的当，看商品谈价钱，能砍则砍，不能砍，可以尝试着要求卖家通过其他方式降低一些价格，例如免邮费、化零为整等。

一口价的陷阱不仅体现在虚假的报价上，一口价还经常打着特价商品的旗号来迷惑消费者，使之跌入陷阱。

年关将至，某品牌皮鞋店打出“店庆十周年，特价大酬宾”的宣传条幅，活动期间所有商品“一口价”甩卖，数量有限，先到先得。冲着该品牌及价位，许先生花了 130 元购买了一双男式休闲皮鞋，可穿了还不到一个礼拜，鞋底两边就裂开了嘴。于是，许先生带着这双皮鞋和购物发票到商家要求退货或更换。没想到，商家当场予以拒绝：特价商品无三包，既然是特价就说明商品本身质量有问题，要不也不会这么便宜就卖了。面对商家冠冕堂皇的解释，许先生想不出任何反驳的理由，因为他当时确实是冲着鞋的价位去的，看来如今只能自认倒霉了，他

只好把鞋带回了家。

商家打着“一口价”的幌子，以所谓低价销售的手段，蒙骗消费者，逃避自己本来应当承担的退换和售后服务的责任，显然消费者又当了一次“冤大头”。或许有的时候一口价真的很低，但是当你以为自己真的捡了个便宜的时候，你可能完全忽略了商品的质量和售后服务问题。

“一口价”、“全市最低价”，在这些诱人的广告宣传语下，消费者不要在无知中自认为占了大便宜，很有可能你已经跌进商家设下的陷阱了。所以，面对一口价，要么将“砍”进行到底，要么横眉冷对之。

【定律链接】“支付意愿”与“生产者剩余”

支付意愿是指消费者为购买某件物品而愿意支付的最高价格，它用来衡量买者对物品的评价是多少。一般来说，在购买商品时，每个买者都希望以低于自己支付意愿的价格买到商品，而拒绝以高于他支付意愿的价格购买该商品。

比如无论是买票乘飞机、火车还是轮船，不同的人所愿意支付的价格实际上是不一样的。有的人收入高一些，或对花钱看得比较松，就可以支付较高的价格。相反，收入低或对花钱看得比较紧的人，就只愿支付较低的价格。但是，如果你问他们愿意支付什么样的价格时，他们都必定说愿支付较低的价格，因为即使有钱人也会觉得在同样服务下以低价购买划算一些。所以飞机或轮船公司针对这些具有不同支付意愿的乘客出售不同价位的票。

生产者剩余是指卖者出售一种物品或服务所得到的价格减去卖者的成本。假如现在有 3 家电脑供应商，IBM 的成本是 7800 元，联想的成本是 7500 元，天想的成本是 7000 元，如果都按照 8000 元的价格出卖，那么他们出售 1 台电脑将分别获得 200 元、500 元和 1000 元的生产者剩余。同时，如果这些企业采取新的技术和管理措施，使成本进一步下降，那他们可以获得更多的生产者剩余。

第七章　信息决定成败

格雷欣法则：劣币驱逐良币与信息不对称

劣币驱逐良币

金属货币作为主货币有较长的历史。由于直接使用金属做货币有不便之处，于是人们将金属铸造成便于携带和交易，也便于计算的“钱”。人们铸造的金属货币有了一个“面值”，或称为名义价值。这一变化，使得铸币内在的某种金属含量（如黄金含量）产生了与面值不同的可能性，如面值 1 克黄金的铸币，实际含金量可能并不是 1 克，人们可以加入一些其他低价值的金属混合铸制，但它仍然作为 1 克黄金进入流通领域。

16 世纪的英国商业贸易已经很发达，玛丽女王时代铸制了一些成色不足（即价值不足）的铸币投入流通中。当时在英国很受王室看重的金融家兼商人托马斯·格雷欣发现，当面值相同而实际价值不同的铸币同时进入流通时，人们会将足值的货币贮藏起来，或是熔化或是流通到国外，最后回到英国偿付贸易和流通的，则是那些不足值的“劣币”，英国因此遭受巨大损失。鉴于此，格雷欣对伊丽莎白一世建议，恢复英国铸币的足够成色，以恢复英国女王的信誉和英国商人的信誉，以免良币在贸易中受到不足价值铸币的“驱逐”。

这就是劣币驱逐良币效应，产生这种现象的根源在于当事人的信息不对称。因为如果交易双方对货币的成色或者真伪都十分了解，劣币持有者就很难将手中的劣币花出去，即使能够用出去也只能按照劣币的“实际”而非“法定”价值与对方进行交易。

“劣币驱逐良币”的现象在市场上是普遍存在的。在信息不对称的前提下，因为卖方比买方掌握更多的信息，从而会产生柠檬市场效应。柠檬市场效应是指在信息不对称的情况下，往往好的商品遭受淘汰，而劣等品会逐渐占领市场，从而取代好的商品，导致市场中都是劣等品。本来按常规，降低商品的价格，该商品的需求量就会增加；提高商品的价格，该商品的供给量就会增加。但是，由于信息的不完全性和机会主义行为，有时候，降低商品的价格，消费者也不会做出增加购买的选择，提高价格，生产者也不会增加供给的现象。“二手车市场模型”可以形象地解释这种现象。

假设有一个二手车市场，买车人和卖车人对汽车质量信息的掌握是不对称的。买家只能通过车的外观、介绍和简单的现场试验来验证汽车质量的信息，很难准确判断出车的质量好坏。因此，对于买家来说，在买下二手车之前，他并不知道哪辆汽车是质量好的，他只知道市场上汽车的平均质量。当然，买家知道市场里面的好车至少要卖 6 万元，坏车最低要卖 2 万元。那么，买家在不知道车的质量的前提下，愿意出多少钱购买他所选的车呢？买家只愿意根据平均质量出价，也就是 4 万元。但是，那些质量很好的二手车卖主就不愿意了，他们的汽车将会撤出这个二手车市场，市场上只留下车辆质量低的卖家。如此反复，二手车市场上的好车将会越来越少，最终陷入瓦解。

传统的市场竞争机制得出来的结论是“优胜劣汰”，可是，在信息不对称的情况下，市场的运行可能是无效率的，并且会导致“劣币驱逐良币”的恶果。产品的质量与价格有关，较高的价格导致较高的质量，较低的价格导致较低的质量。“劣币驱逐良币”使得市场上出现价格决定质量的现象，因为买者无法掌握产品质量的真实信息，这就出现了低价格导致低质量的现象。

明代四川有3个商人，都在市场上卖药。其中一人专门进优质药材，按照进价确定卖出价，不虚报价格，更不过多地取得赢利。另外一人进货的药材有优质的也有劣质的，售价的高低根据买者的需求程度来定。还有一人不进优质品，只求多，卖的价钱也便宜。于是人们争着到专卖劣质药的那家买药，他店铺的门槛每个月都要换一次，过了一年他就非常富裕了。那个兼顾优质品和次品的药商，前往他家买药的稍微少些，但过了两年也富裕了。而那个专门进优质品的药商，不到一年时间就穷得吃了早饭就没有晚饭了。

在这个故事中，卖优质药材的反倒穷得揭不开锅，卖劣质药材的反倒很快致富，这和柠檬市场上的"劣币驱逐良币"现象十分相似。

其实我们可以发现，格雷欣法则无处不在。比如人才市场，由于信息不对称，雇主愿意开出的是较低的工资，这根本不能满足精英人才的需要。信贷市场也有格雷欣法则发挥作用，信息不对称使贷款人只好确定一个较高的利率，结果好企业退避三舍，资金困难甚至不想还贷的企业却蜂拥而至。认识了格雷欣法则，在很多时候可以使我们避免"劣币驱逐良币"带来的危害。

劣币驱逐良币背后的信息不对称

有一个关于信息不对称的故事：

一个商人到教堂，跟神父忏悔道："我……我有罪……"

神父："说吧，我的孩子。"

商人："二战开始没多久，我藏匿了一个被纳粹追捕的犹太人……"

神父："这是好事啊，为什么你觉着有罪呢？"

商人："我把他藏在地窖里，而且……而且我让他每天交给我 15 法郎租金……"

神父："你为了这件事而忏悔吗？"

商人："是的，我现在很后悔……我一直还没有告诉他战争已经结束了！"

这个故事中的商人与犹太人对二战的认知产生了信息不对称，即商人知道战争已经结束，而犹太人并不知道战争结束了，犹太人为寻求庇护仍然每天支付租金给商人。如果在信息完全对称的情况下，即商人和犹太人都知道战争结束了，犹太人在战争结束后不可能仍每天支付租金给商人。

在现实经济中，信息不对称的情况十分普遍，它甚至影响了市场机制配置资源的效率，造成占有信息优势的一方在交易中获取太多的剩余，出现因信息力量对比过于悬殊导致利益分配结构严重失衡的情况。

人们在购买商品的过程中，对商品的个体信息认知也会产生信息不对称的情形。有些商品是内外有别的，而且很难在购买时加以检验。如瓶装的酒类，盒装的香烟，录音，录像带等。人们或是看不到商品包装内部的样子（如香烟、鸡蛋），或是看得到，却无法用肉眼辨别产品质量的好坏（如录音、录像带）。显然，对于这类产品，买者和卖者了解的信息是不一样的，卖者比买者更清楚产品实际的质量情况。

市场经济发展了几百年，都是处于信息不对称的情况之下。当人们没有发现信息不对称理论的时候，比如亚当·斯密的时代，市场并没有显示出多少缺陷，斯密甚至对"看不见的手"推崇备至，自由的市场经济理论学者都宣扬市场的自由调节，反对对市场进行干预。

今天，信息经济学逐渐成为新的市场经济理论的主流，人们打破了自由市场在完全信息情况下的假设，才终于发现信息不对称的严重性，研究信息经济学的学者因而获得了1996年和2001年的诺贝尔经济学奖。

信息经济学认为，信息不对称造成了市场交易双方的利益失衡，影响社会公平、公正以及市场配置资源的效率，并且提出了种种解决的办法。但是，可以看出，信息经济学是基于对现有经济现象的实证分析得出的结论，对于解决现实中的问题还处于尝试性的研究阶段。

占有信息的人在交易中获得优势，这实际上是一种信息租金，信息租金是每一个交易环节相互联系的纽带。每一个行业都是特殊信息的汇总，生产一种产品要工程师的专业信息和技术人员的技术信息以及销售人员的市场信息，把产品变成商品进行交换，需要商人的专业渠道信息和价格信息。俗话说，隔行如隔山，这座山其实就是信息不对称，而要获得这些信息是要付出成本（代价）的。不对称信息实际上可以被看做对信息成本的投入差异，消费者往往没有对商品的信息投入成本，这必然与生产者之间产生信息投入成本差异，生产者利用信息投入差异获取利润正是为了补偿先前付出的信息成本。

信息经济学的价值不在于揭示了信息不对称，而在于说明了信息和资本、土地一样，是一种需要进行经济核算的生产要素。

【定律链接】爱情市场也是一个“劣币”与“良币”共存的市场

曾有这样一个有趣的故事：

有个长得十分漂亮的女孩子，金发碧眼，开朗大方，但一直没有男生敢追她。仰慕者们都这样想：这么漂亮的女孩，怎么轮得到我来追？肯定有那些比我更有钱的男人，比如巴菲特去追求她。于是长叹一声，转而追求其他女孩去了。

巴菲特在华尔街巧遇来纽约观光的漂亮女孩之后，也颇为心仪，但是巴菲特转念一想：这么漂亮的女孩，怎么轮得到我来追？肯定有那些比我年轻的小伙子，比如比尔·盖茨去追求她。于是巴菲特长叹一声，转而与结发老妇相伴去了。

漂亮女孩去微软公司面试时，巧遇比尔·盖茨。面对如此佳人，比尔·盖茨心中一阵激动，但他转念一想：这么漂亮的女孩，怎么轮得到我来追？肯定有那些比我更强壮的人，比如乔丹去追求她。于是比尔·盖茨长叹一声，埋头继续与司法部周旋。

漂亮女孩去观看篮球比赛时，邂逅飞人乔丹。面对如此佳人，乔丹也为之心动，但乔丹冷静下来一想：这么漂亮的女孩，怎么轮得到我来追？肯定有那些比我更英俊的小伙，比如她的同学或同事，早就已经把她追到手了。于是乔丹长叹一声，转身来个空中走步。

这就是漂亮女孩的困惑。

想追求漂亮女孩的人相互之间都不能互通信息，也不了解漂亮女孩的尴尬处境和真实想法。结果想追求她的男人都根据自己的预期来决定是否要去追求漂亮女孩。由于大家都预期追求漂亮女孩一定是极高的门槛，最后造成大家都退缩不前的局面。

在这个过程中，大家只观察到了女孩的美貌，只发现了自己的不足之处，而根本不知道其他任何信息，最后每个人都相信追求漂亮女孩的代价将是很高的，因而大家都不采取行动。反而是那些考虑问题简单、懵懵懂懂的普通男生追到了漂亮女孩——这就是典型的“劣币驱逐良币”。只不过，这里的“劣币驱逐良币”不是“劣币”有多么嚣张，而是“良币”主动让步，把机会留给“劣币”了。

这在经济学中被称为逆向选择。造成“鲜花总是插在牛粪上”的原因就是信息不对称下的逆向选择。那些对漂亮女孩向往已久的崇拜者们相互之间，以及和漂亮女孩之间都不能沟通信息，只能造成一段段充满可能的佳缘最终以遗憾告终。

爱情的市场也是一个“劣币”与“良币”共存的市场，我们在逆向选择的作用下，或许不免阴差阳错地和梦中情人擦肩而过。为了最大化地避免遗憾，要么你在遇到心仪对象时好好把握，勇于追求；要么，和那些优秀的人一样，收起自己不切实际的幻想，过平平淡淡才是真的幸福生活！

啤酒效应：信号在传递过程中被无限放大或缩小

不对称信息会扭曲供应链内部的需求信息

麻省理工学院的斯特曼教授做了一个著名的实验——啤酒销售流通实验。假设制造一件成品要经过 7 个流程，需要 7 层上游厂商提供原材料和配件。如果第一个月，客户向公司下的订单是 100 件，为了防止缺货风险，保证安全库存，公司会要求上游厂家提供 105 件。

然后，公司的上游厂商为了保险，会要求他的上游厂家提供 110 件，以此类推，到了最上游的第七层厂商时，他所提供的数量可能达到 200 件之多。

10 个月下来，随着时间与上下游的累计效应，这个数字会与实际需求相差很远，导致最后一层厂商损失惨重，可能受伤 100 倍。

“啤酒效应”暴露了供应链中信息传递的问题。不对称的信息往往会扭曲供应链内部的需求信息，而且不同阶段对需求状况有着截然不同的估计，如果不能及时详细地掌握供应链的供求状况，其结果便是导致供应链失调。可怕的市场“泡沫”，往往便是“啤酒效应”所导致的最终结果。

“啤酒效应”不仅仅是啤酒行业的现象，也是经济流通领域一种具有普遍意义的现象。“啤酒效应”产生的原因在于信息传递过程中出现了偏差。

春秋时宋国有一个姓丁的人家家里没有水井，需要抽出一个人专门到很远的地方打水洗涤。于是丁家下定决心打一眼井。井打好后，丁家人非常高兴，逢人便说：“我们打井节省了一个人的劳动力。”人们辗转相传，越传越走样，传到最后竟然成了：“丁氏打井打出了一个人。”于是，宋国的人都在议论这件事，宋国的国君也听说了这件事。宋君派人去问丁家这件事。丁氏答道：“是节省了一个人的劳动力，并非打井打到了一个人！”

打井挖出一个人，显得荒诞不经，却有很多人相信。信息在传递的过程中，往往会发生偏差，以致产生以讹传讹的情况，这就要求人们必须加以辨别考察。

有信息传递就会有谬误，产生这种谬误有可能是因为传递链过长，因此要充分利用现代信息技术，减少信息传递的中间环节。此外，也可能是有些人在信息传递过程中制造虚假信息，传播谣言。因此要建立一套避免信息失真的保障制度，对那些虚假信息的制造者给予相应的处罚。

信息传递中的失真性

流浪狗波波在一棵树下小憩了一会儿，醒来后，发现身边围聚着一帮大爷大妈，他们仔细地盯着波波，眼都不眨一下。

“这是一只萨摩犬，绝对是。”一个很像学者的老头，发表了意见。

“他们又在讨论我的品种。”波波虽然无奈，但碍于重重人墙，它无法冲出去，只得听这些大爷大妈们争论。

一个大妈发表不同意见：“不对不对，这条狗和我家的土狗很像，我猜它应该是一条普通的狗，顶多是条杂交狗。”

众人争论不休，过了许久才散开，波波方能昏头昏脑地离开。但事情还没有结束，一路上不断有人围观他。

两个妇女在讨论："这不是那条有着萨摩犬血统的狗吗？长得真不错。"

波波赶紧躲到另一端，没想到，有几个人也指着它说："就是它，就是它，那条萨摩犬，真好，能值大价钱呢。"

到走出这片生活区时，波波所听到的最后版本已经是："今天早上，本社区发现了一条富豪家遗失的名贵犬，能值很多钱，要把它抓住，富豪一定有重谢。"

波波惊出一身冷汗，它偷偷摸摸地从街角溜走，生怕人们把它捉去换钱。其实自己根本就是一条普通的狗，只不过在人们的口口相传中，变成了一条名牌狗，这真是让它哭笑不得的误会。

其实，在我们的生活中类似的事并不在少数，这就是信息在传递过程中的失真。一个人说街上有老虎，人们不信；两个人说街上有老虎，人们开始有点相信；当三个人都说街上有老虎时，人们肯定会相信了，这就是"三人成虎"。在信息传递的过程中，往往存在失真的可能性。

比如，现在以车代步成为越来越多人的选择。市中心的拥堵生活，令都市里的人们不堪重负，他们便选择在郊区买房，享受清新空气和自然魅力，但工作地点不可能变更，所以，汽车的重要性就变得不言而喻了。

但现在的汽车更新换代极快，堪比电脑、相机这些电子数码产品，所以，买二手车便成为人们的首选。二手车市场里应有尽有，不比正规汽车店里的差，价格便宜，只要能挑中一辆性能不错、价格适中的二手车，便算是赚到了。

如何才能选中一辆让人心满意足的二手车呢？普通人对于车的了解有限，他们便将希望放到了专家身上。

但专家是否就真的权威？没人可以确定，二手车的性能、价格种种因素都会令买车的人做出错误的判断，专家的许多建议很多时候只是纸上谈兵，而买车需要实际的考察和认真的审视，这是专家无法给予的，只能靠自己判断。

就好像故事中人们对待波波的态度一样，那些真专家、伪专家一渲染，人们便开始相信一些虚假的信息。买车时，正是因为信息的不对称，买二手车的人为了尽量降低风险，便使劲压低价格，所以，即便是一辆崭新的车开到二手车市场，也会大打折扣。

可见，信息失真，受损失的不仅仅是买方，卖方也不会占到便宜。随着经济学研究的深入发展，特别是社会信息化进程的加快，人们认识到，信息传递的失真会带来额外的成本，因此我们必须认识到降低或避免信息失真成本的重要性。

【定律链接】掌握信息脉象，掌握制胜法宝

在商品经济中，信息主要反映在价格上，价格信息是经济信息的中心，其他信息都是为价格信息服务的。市场经济的本质是用价格信号对社会资源进行配置，社会资源的分配和再分配过程实际上是人们围绕价格进行资源博弈的过程。对任何一种资源的优先占有都可以在博弈中获得相关的利益，信息也是一样。

人们常说，买东西的永远没有卖东西的精明，便是因为买方的信息不如卖方的全面。基于这种信息不对称，卖方总是可以凭信息优势获得商品价值以外的利润。交易关系因为信息不对称变成了委托代理关系，交易中拥有信息优势的一方为代理人，不具备信息优势的一方是委托人，交易双方实际上是在进行无休止的信息博弈。

此外，完全信息是我们做出有效决策的先决条件，谁获得的信息既丰富又准确，谁就会在经济生活中先行一步。要获得真实可靠的信息，一定要付出更多的努力才行，不但需要多听

专家的意见，更要主动地把握信息的脉象。

蝴蝶效应：用“微小”信息成就高营业额

营销要抓住引发风暴的信息“蝴蝶”

1972 年，美国气象学家爱德华·罗伦兹在华盛顿的美国科学发展学会上发表一篇演说，大意为：一只亚马孙河流域热带雨林中的蝴蝶，偶尔扇动几下翅膀，两周后，可能在美国得克萨斯州引起一场龙卷风。因为蝴蝶翅膀的扇动，导致其身边的空气系统发生变化，引起微弱气流的产生；而微弱气流的产生，又会引起它四周空气或其他系统产生相应的变化，由此引起连锁反应，最终导致天气系统的巨大变化。

故事中的规律，在销售活动中同样存在。曾经，人们一直认为，营销者的水平层次越高，就越需要抓大放小，要把精力放在做大事和要事上，不做琐屑的杂务，以高效利用时间。然而，蝴蝶效应却告诉我们：小事情一样可以导致大后果，小变化可能会引起大变化。就市场营销而言，若能合理利用蝴蝶效应，往往会起到“四两拨千斤”的作用。

据《第一财经日报》报道：2009 年 5 月，三星电子与百思买在中国正式签订了协同补货（CPFR）协议。

根据该协议，三星电子与百思买在供应链上共同管理采购预测与库存，共享客户信息，而三星的市场部将通过汇总的销售信息分析出大致的研发方向，如用户在最近半年或者一个季度喜欢什么样的手机等。

到目前为止，三星电子已经与北美和欧洲的 38 家零售流通渠道进行 CPFR 合作。从 2004 年合作开始至今，三星电子销售额增长 400%，物流库存减少 64%，预测订单的正确率提高至 93%，提前备货周期从 2005 年的 11 周缩减至 2008 年的 4 周。

未来，中国的零售商也会成为三星信息链上重要的信息提供者。

在三星看来，如果高速信息流最后不能汇总到设计和专利上，那么这些信息并没有被充分利用。外部的信息获取要配合内部的积极“做功”。

信息反馈的高速战略使三星公司从缩短产品周期中获益。另外，三星还实行B2B和B2C两个市场并行，不仅生产成品还生产成品的部件，加上市场信息反馈的配合，这使得三星实现了产品多样化、大规模化和成本领导权。

三星还成立了中国经济研究院，分析的内容从家电到房地产，再到中国宏观经济。阅读该研究院的报告，读者就可以发现，三星搜集了大量第三方数据，从调研机构易观国际，到中国经济统计数据，数据量庞大。

在三星内部人士看来，这种分析对三星内部很有帮助，如中国的房地产情况就对家电销售有影响，而经济的涨落也涉及高端手机的消费心理。三星中国研究院还可对外出售报告产生收入。

故事中，三星巧妙利用了信息的“蝴蝶效应”，使自己的营销越做越成功。

营销界名人熊兴平在《蝴蝶效应与市场营销——寻找引发销售风暴的那只蝴蝶》中曾指出：要引起一场销售的龙卷风，关键是寻找到在临界点附近那只扇动翅膀的蝴蝶。

第一，让产品成为蝴蝶。利用消费者购买行为的非线性，通过逐渐累积比竞争对手领先1%的优势（微弱优势），在正反馈的自我增加机制作用下，到达终点时便会领先100%，最终打败势均力敌的对手。

第二，让消费者成为蝴蝶。利用口碑营销的病毒式传播原理，找到一位消费者意见领袖（如种植大户、科技示范户），让他成为引发产品销售龙卷风的那只蝴蝶。

第三，让经销商成为蝴蝶。对经销商采取表扬与批评交替结合的办法，通过奖惩激励，逐步把经销商引入到混沌理论的蝴蝶模型中，最后让经销商“化蝶”引发风暴。

第四，让员工成为蝴蝶。企业员工在不同的条件下会产生天壤之别的销售业绩，若加以引导和激励，企业将呈现积极向上的竞争气氛，员工也可能成为销售竞赛中的那些蝴蝶。

第五，让企业自己成为蝴蝶。企业营销战略是既定战略（领导制定、自上而下）与随机战略（市场引导、自下而上）相结合的混沌战略，企业自己也能进入到混沌模型中而成为那只蝴蝶，如果反馈不当，就可能在一夜之间轰然倒闭；反之，企业就可能成为一夜之间崛起的黑马。

总之，营销中要充分抓住能够引发销售风暴的那只“蝴蝶”。

避免忽略缺陷造成的恶果

根据蝴蝶效应，在企业经营中，若发现公司有不合理的现象，要立刻设法改正，否则，管理上的漏洞很快就会表现在产品和服务上。所以，不要因为产品有毛病就讳而不宣，等到消费者发觉时，很可能会损害公司的名誉、信用。

有着百年辉煌历史的爱立信与诺基亚、摩托罗拉并列称雄于世界移动通讯业。但自1998年开始的3年里，当世界蜂窝电话业务高速增长时，爱立信的蜂窝电话市场份额却从18%迅速降至5%，即使在中国市场，其份额也从1/3左右迅速地滑到了2%。爱立信从手机销售头把交椅跌落，不但退出了销售三甲，而且还排在了新军三星、飞利浦之后。

为什么爱立信在中国这块风水宝地上失去了它往日的辉煌呢？

2001年，爱立信的一款型号为T28的手机存在质量问题。这本来就是一种错误，但更大的错误是爱立信漠视这一错误。

“我的爱立信手机的送话器坏了，去爱立信的维修部门，很长时间都没有解决问题，最后，他们告诉我是主板坏了，要花700块钱换主板，而我在个体维修部那里，只花25元就解决了问题。”一位消费者明确说出了爱立信存在的问题。那时，几乎所有媒体都注意到了T28的问题，似乎只有爱立信没有注意到。爱立信一再地辩解自己的手机没有问题，而是一些别有用心的人在背后捣鬼。

然而，市场不会去探究事情的真相，也不给爱立信以“申冤”的机会，无情地疏远了它。

其实，信奉“亡羊补牢”观念的中国消费者已经给了爱立信一次机会，只不过，爱立信没能好好把握。

1998年，《广州青年报》从8月21日起连续三次报道了爱立信手机在中国市场上的质量和服务问题，引发了消费者以及知名人士对爱立信的大规模批评，而且爱立信的768、788C以及当时大做广告的SH888，居然没有取得入网证就开始在中国大量销售。当时，轻易不表态的电信管理部门的声明，证实了此事。至此，爱立信手机存在的问题浮出了水面。但爱立信采取掩耳盗铃的方式来解决问题，甚至试图拿钱来封媒体的嘴。爱立信广州办事处主任还心虚嘴硬地狡辩：“我们的手机没有问题!”

既然选择拒不认错，爱立信自然不会去解决问题，更不会切实去做服务工作。正是这一系列的质量和服务中的缺陷，使爱立信失去了中国市场。同时，也让我们明白，即使是一个由数以百万计的个人行动所构成的公司，同样经不起其中微小行动的偏离。

【定律链接】单双号限行的“蝴蝶效应”

某一天，家住北京的董明一反常态起了个大早，因为今天他要挤公交上班。这对习惯于开车上班的他来说颇有些新鲜，但没有办法，自从单双号限行开始实施以后，董明的汽车便只能轮班休息了。这些并不重要，重要的是，他作为北京市民，应积极响应政府的单双号限行政策。

在北京举办奥运会期间，政府决定单双号限行，即从 2008 年 7 月 20 日起，北京正式开始实行为期 2 个月的限行政策。试行之后，北京又正式开始实行汽车的限行措施，之后，不少省市也纷纷效仿北京的做法，希望通过单双号限行来改善交通拥堵状况。但是，效果似乎并没有预期的好，到了上下班的高峰期，堵车的情况依旧如故。

董明也发现了这点，他本以为乘坐公交车只需半个小时就可以到达单位，但没有料到，在一条路上堵了 40 分钟，公交车依然没有前行的意思，这让董明心急如焚。眼看上班的时间就要到了，他还在半路上，下也下不去车，走也走不了。

为什么限行之后，依然堵得厉害呢？董明的苦恼也是许多人的苦恼。他听到车上几个人在讨论堵车的事情。

“我这个月都是第二回迟到了，每次都是在这条路上堵着下不去。”一个年轻小伙子抱怨道。

一个老大爷不急不慌地说：“急啥，过了高峰期就能走动了。”

“那我们也都迟到了，这个月的奖金又没了。”小伙子沮丧地说。

董明忍不住插嘴道：“以前开车堵，现在限行了，我们坐公交车也这么堵车，真不知道以后是不是该跑步去上班。”

老大爷笑着说：“其实，单双号限行只是一时限制了汽车的数量，短期内人们有可能会看到汽车流量减少，但时间长了，反而会刺激汽车的消费和使用。”

看到董明一脸迷茫，老大爷接着说：“举个例子，之前车辆增加，是因社会的进步和人们收入的增加。倘若长期实行单双号限行，随着人们收入的不断增多，有车族完全可以再买第二辆车，这样，遇到限行也不必担心会影响开车出门。即便是现在，很多家庭也拥有两辆车，但一般只开一辆。结果一限行，两辆换着开，限行对他们并没有影响。看来，限行政策还是没能解决问题。”

车辆限行，却无法缓解堵车状况，这令许多市民头疼不已。现在有车一族越来越多，据有关数据统计，截至2008年年底，北京市机动车保有量已突破350万辆，平时有大约30%～40%的车被闲置而没有使用，而限行之后，这个库存被充分挖掘，反而使出行车辆增加。所以说，限行不仅对交通改善的作用有限，从另一方面来说，限行还不利于提高汽车的使用率。

根据经济学的理论，某样产品在需求一定的情况下，应当是使用率越高越好。同理，汽车也应如此，否则就是社会资源的浪费。

单双号限行政策阻碍了汽车的使用。而且短期的社会成效不能改变和降低整个社会总的用车需求，只会降低每一辆车的使用效率。

从经济学的角度来看，单双号限行这种措施并没有预想中那么完美。北京市后来又出台了限号政策，在一定程度上改善了拥堵的问题。日后，还会有更科学的办法出台，提高道路和车辆的使用效率。

囚徒困境：信息不足，决策就会迷惘

信息不足，“囚徒”陷入理性的迷宫

在某城市郊区有个足球场，有一次足球场举行一个重要的比赛，大家都想去看。到足球场有好几条路，其中有一条是最近的。王波选择了走最近的这条路，但发现其他人也都选择走这条路，于是这条路非常堵塞。因此在路上所花的时间远远多于自己的预期。好不容易来到了足球场，精彩的比赛让人大开

眼界，可惜前排有人站起来，影响了自己的观看效果。王波也选择站起来，这样他能看得清晰一些，他后排的人也只好选择站起来看。最后的结果是所有人都在站着看比赛。

王波无疑是个理性人，但是大家都是理性人的时候，却没有出现理性的结局。从个体来看，他所做出的选择或决策无疑是理性的，但人人都基于同样的考虑做出相同的选择或决策时，就会发生“理性合成谬误”。

1950 年，担任斯坦福大学客座教授的数学家图克，为了更形象地说明个体理性，用 2 个犯罪嫌疑人的故事构造了一个博弈模型，即囚徒困境模型。

警方在一宗盗窃杀人案的侦破过程中，抓到两个犯罪嫌疑人。但是，他们都矢口否认曾杀过人，辩称是先发现富翁被杀，然后顺手牵羊偷了点东西。警察缺乏足够的证据指证他们所犯下的罪行，如果罪犯中至少一人供认罪行，就能确认罪名成立。

于是警方将两人隔离，以防止他们串供或结成攻守同盟，分别跟他们讲清了他们的处境和面临的选择：如果他们两人中有一人认罪，则坦白者会被立即释放而另一人将判 8 年徒刑；如果两人都坦白认罪，他们将被各判 5 年监禁；若两人都拒不认罪，因警察手上缺乏证据，他们会被处以较轻的偷盗罪各判 1 年徒刑。

那么，两个罪犯会怎样选择？

囚徒到底应该选择哪一项策略，才能将自己个人的刑期缩至最短？两名囚徒由于隔绝监禁，并不知道对方选择，也不相信对方不会背叛自己。

那么在困境中任何一名理性囚徒都会作出如此选择：

若对方选择抵赖，自己选择背叛，会让自己获释，所以会选择背叛。

若对方选择背叛，自己也要背叛，才能得到较低的刑期，所以还是选择背叛。

二人面对的情况一样，所以二人的理性思考都会得出相同的结论——选择背叛。背叛是两种策略之中的支配性策略。因此，这场博弈中唯一可能达到的均衡，就是双方都背叛对方，结果二人都服刑 5 年。这就是博弈论中经典的囚徒困境，可用下表表示。

囚徒乙 囚徒甲	坦白	抵赖
坦白	−5，−5	−8，−0
抵赖	0，−8，	−1，−1

囚徒困境是博弈论的非零和博弈中具有代表性的例子，反映个人最佳选择并非团体最佳选择。虽然囚徒困境本身属于模型性质，但现实中的价格竞争、环境保护等方面，频繁出现类似情况。

囚徒困境假定每个参与者都是利己的，即都寻求最大的自身利益，而不关心另一参与者的利益。参与者某一策略所得利益，如果在任何情况下都比其他策略要低的话，此策略称为“严格劣势”，理性的参与者绝不会选择。另外，没有任何其他力量干预个人决策，参与者可完全按照自己的意愿选择策略。

以全体利益而言，如果两个参与者都合作保持沉默，两人都是判刑 1 年，总体利益更高，结果也比两人都背叛对方、判刑 5 年的情况好。但根据以上假设，两人均为理性个人，且只追求个人利益，均衡状况会是两个囚徒都选择背叛，结果二人判决均比合作严重，总体利益较合作为低。这就是困境所在。

囚徒困境的主旨为：虽然囚徒们彼此合作，坚不吐实，可为全体带来最佳利益，但在信息不明的情况下，出卖同伙可为自己带来利益，但是却违反了最佳共同利益。

这种困境反映了个人理性与集体理性之间的矛盾，对每个人而言都是理性的选择，能得到最优的结果，但对于整个集体来说却是非理性的，最终导致对集体中每个人都不利的结果。

每个人想到的都首先是自己的利益，进行的都是有利于自己的选择决策，但最后的结果是大家都没有从中获得好处。以一个足球队而言，当球员在赛场所想的只是自己的风采，或是自己的位置，或者是在俱乐部的前途的时候，这支球队就不会有希望了。

为避免出现“囚徒困境”，任何一个集体都应该加强内部沟通，避免出现信息不对称。只有这样，才能实现集体和内部成员利益的最大化。

增产困境：农业增产不增收

广西南宁市西乡塘区的坛洛镇，是广西香蕉的主产地之一，有着中国香蕉之乡的美称。由于天气转暖，村民们纷纷将自家种植的香蕉运往镇里的香蕉交易市场，寻找买家。

“你这个是收购的？”

“是的。”

“多少钱一串？”

“7 元钱。”

“这一串大概有多少斤？”

“大概有 60 多斤。”

“相当于多少钱一斤？”

“一角多。”

香蕉进入成熟期以后，收获和卖出的时间很短，一旦卖不出去，香蕉的外皮爆裂以后，就无法销售了。他们现在低价收购的大量香蕉都是进入成熟期蕉农没有卖得出去的香蕉。

已经进入成熟期的香蕉价格低得惊人，处在最佳销售期的香蕉在 2008 年一般每斤的价格在 8 角钱左右，现在只能卖 4 角，扣除中间人每斤 2 分钱的提成，蕉农真正卖出的价格只有 3 角 8 分钱。

卢校珠是南宁西乡塘区坛洛镇的香蕉种植户，2008 年因为香蕉的价格好，夫妇俩拿出全部家当投入 8 万多元，种植了 30 多亩的香蕉。由于投入的增加以及有着多年的香蕉种植经验，2009 年家里的香蕉喜获丰收。往年每棵树 30～40 斤一串，现在每棵树 60～70 斤一串，差不多增产一半。

为了使香蕉能够在收割的时节快速从田里运出，卖个好价钱，卢校珠夫妇不久前还专门花费了 3.4 万元，买了辆小货车。因为他们对于 2009 年的收入有着更多的期盼。30 多亩香蕉，大概估计能赚个 8～10 万元左右。

正当卢校珠夫妻俩沉浸在丰收的喜悦中时，2009 年 9 月，卢校珠从稀少的香蕉收购商的数量上，看到了 2009 年香蕉行情出现的危机。

“价格低是对我们最大的打击，辛苦多少年，投资都投下去了，现在都收不回来，打击这样大，承受不了。”

在卢校珠种植的香蕉园里，已经成熟的香蕉成片地倒在地里，因为没有经销商来收购，地上的香蕉已经没人打理。

“这片地等于放弃了，早就放弃了，都没心情管了，心情不好怎么管。”对于 2009 年种植香蕉出现的这种行情，卢校珠夫妇显得非常痛心，也非常地无奈。“心里很难受，香蕉卖不出去，2009 年都亏本了，明年就没有投资了。”

卢校珠夫妇算了一笔账，一亩地种植香蕉 120 株，他们租地花费了 750 元，树苗 84 元，肥料 1360 元，水电农药费用 240 元，防寒袋、绳索 120 元，也就是说种植一亩香蕉的成本一般在 2500 多元左右，但因为香蕉价格过低，卢校珠一家 2009 年预计要亏损 7 万多元。

广西 2009 年香蕉大丰收，但蕉农们非但没增收，反倒损失惨重。因为数十万吨的香蕉卖不出去，价格跌到了地板价，甚至只能眼睁睁看着香蕉烂在地里。这样的情形的确很反常。

“谷贱伤农”是囚徒困境的一个经典问题：在丰收的年份，

农民的收入反而减少了。当粮食大幅增产后，农民为了卖掉手中的粮食，只能竞相降价。由于粮食需求缺少弹性，只有在农民大幅降低粮价后才能将手中的粮食卖出，这就意味着，在粮食丰收时往往粮价要大幅下跌。如果出现粮价下跌的百分比超过粮食增产的百分比，就会出现增产不增收甚至减收的状况。所以一些聪明的农民在博弈时，往往会选择人无我有，人有我优，人优我转的策略。

【定律链接】聪明反被聪明误的旅客

囚徒困境告诉人们怎样变得更“聪明”，如何判断人与人之间的利益关系，做出对自己最有利的选择，但恰恰是这个教人“聪明”的学问告诫大家，做人不能太“精明”了，否则得不偿失，聪明反被聪明误，弄巧成拙。

经常乘飞机的朋友都知道，如果托运的行李丢失或者托运的易损物品损坏，可以向航空公司索赔。航空公司一般是根据实际价格给予赔付的，但有时某些物品的价值不容易估算，但物件又不大，一个小东西，那怎么办呢？

有两个出去旅行的女孩，A 和 B，她们互不认识，各自在景德镇同一个瓷器店购买了一个一模一样的瓷器。当她们在上海浦东国际机场下飞机后，发现她们托运的行李中的瓷器可能由于运输途中的意外而遭到损坏，于是她们随即向航空公司提出索赔。因为物品没有发票等证明价格的凭证，于是航空公司内部评估人员约摸估算了价值应该在 1000 元以内，但是由于无法确切地知道该瓷器的价格，于是，航空公司分别告诉这两位女孩，让她们把该瓷器当时购买的价格分别写下来，然后告诉航空公司。

航空公司认为，如果这两个小姐都是诚实可信的老实人的话，那么她们写下来的价格应该是一样，如果不一样的话，则必然有人说谎，而说谎的人总是为了能获得更多的赔偿，所以可以认为申报的瓷器价格较低的那个小姐相对更加可信，因此会采用较低的那个价格作为赔偿金额，同时会给予那个给出更低价格的诚实女孩以 200 元的奖励。

这时，两个小姐各自心里就要想了，航空公司认为这个瓷器价值在 1000 元以内，而且如果自己给出的损失价格比另一个人低的话，就可以额外再得到 200 元，而自己实际损失是 888 元。

A 想了，航空公司不知道具体价格，那么 B 肯定会认为多报损失多得益，只要不超过 1000 元即可，那么 B 最有可能报的价格是 900～1000 元的某一个价格。A 心想我就报 890 元，这样航空公司肯定认为我是诚实的好姑娘，奖励我 200 元，这样我实际就可以获得 1090 元。

而 B 也想了，有句话说得好，人不犯我，我不犯人；人若犯我，我必犯人。她既然算计我，要写 890 元，我也要报复。所以，我就填 888 元原价。而 A 也不是吃素的，估计她会算到我要写 890 元，她可能就填真实价格了，我要来个更绝的，以退为攻，我填 880 元，低于真实价格，这下她肯定想不到了吧！

我们都知道，下棋、计谋之类的东西关键是要能算得比对手更远，于是这两个极其精明的人相互算计，最后，她们可能都会填 689 元，她们都认为，原价是 888 元，而自己填 689 元肯定是最低了，加上奖励的 200 元，就是 889 元，还能赚 1 元。

这两个人算计别人的本事是旗鼓相当的，她们都暗自为自己最终填了 689 元而感到兴奋不已。最后，航空公司收到她们的申报损失单，发现两个人都填了 689 元，料想这两个人都是诚实守信的好姑娘，航空公司本来预算的 2198 元的赔偿金现在只要赔偿 1378 元了。

而两个人各自只能拿到 689 元，还不足以弥补瓷器本来损失呢，亏大了吧！本来她们俩可以商量好都填 1000 元，这样她们各自都可以拿到 1000 元的赔偿金，而就是因为互相都要算计对方，要拿的比对方多，最后搞得大家都不得益。这个就是著名的“旅行者困境”博弈模型。

这个模型告诉我们一种博弈思想，做人不能够过于“精明”，太精明的人未必是真的聪明，有时精明过头了往往会变得更糟糕。当然现实生活中未必会真的出现这种超级精明的人，可以算到几十步以外，而做出自认为的最优策略。

名人效应：借名人信息扩大商品知名度

站在名人肩膀上，更容易扩大影响力

因为“体操王子”李宁的非凡成就，以李宁命名的服装也成了名牌；企业纷纷请名人代言，明星的身价因此暴涨；名人头上的光环是一笔无形的财富，具有巨大的吸引力；名人的力量是无穷的，否则就不会有“东施效颦”的典故了。

在意大利的一个小镇上，一栋看起来不起眼的二层楼住宅，下面有个毫不起眼的阳台，一扇毫不起眼的木门，旁边有一个毫不起眼的钟亭，却常常挤满了慕名而来的游客。每个人都要在阳台上摄影留念，年轻的恋人们还不忘在留言簿上写下海誓山盟，因为这是莎士比亚笔下经典爱情故事女主角朱丽叶原型的家。

这则故事反映了一种特殊的社会效应，一种能使原本的默默无闻变成众所周知，使不起眼变成全球闻名的神奇效应——名人效应。

从某种程度上讲，名人效应是一种非常有利用价值的社会效应，名人是人们心目中的偶像，名人效应就是因为名人本身有着一呼百应的影响力。

名人效应在社会中的应用是很普遍的。首先在广告方面，

一打开电视机，铺天盖地的广告迎面而来，几乎大部分的广告都在利用名人效应，因为观众对名人的喜欢、信任甚至模仿，能够转化为对产品的喜欢和购买，这有利于商品的销售。在电影和电视剧市场，名人效应也是广泛存在的，借助名人的影响力提高影片的知名度，同时利用名人的个人魅力提升影片的观赏性，这些都是名人效应的应用。

许多企事业单位以及商场、酒店、学校、娱乐场所，大都愿意请政府官员或名人雅士题写名称；一些商品的宣传资料上，常常可以见到政界高级官员的题词和接见董事长、总裁的照片，就是因为人们更容易买名人的账。

还有许多人初次见面，总爱向对方夸耀自己认识某某大人物，一提到那些官居要职的人，即便攀不上亲戚，也一定要说成是自己的熟人或“朋友”，或“朋友的朋友”。这些人无非是想借名人的光环笼罩自己，扩大自己的影响力。

借用名人光环，实现商品销售

20 世纪 30 年代初，美国有两位大学生打赌，他们寄出了一封不写收信地址，只写“居里夫人收”的信，看它能否寄到居里夫人手里。结果，这封信真的寄到了居里夫人手里。试想，如果换了一个普通人，信可能寄得到吗?

一封信如果只署上普通人的姓名，那肯定是石沉大海，但署上了居里夫人的名字，就能够准确无误地送达，因为几乎每个人都知道居里夫人。巧借名人效应，能够使我们事半功倍地达到目标。

在社会生活的许多领域，名人效应都是行之有效的。在商品销售中，利用人们对名人的仰慕心理更是十分重要的。翻开众多销售成功的案例，名人效应屡试不爽。现在，许多体育用品厂商利用世界级著名运动员大做广告，通过赞助比赛、提供比赛服装和用品的形式让著名运动员为其产品扩大影响力，这样的销售方式已经风行于全世界。

常见的利用名人效应销售商品的方法有以下几种：

（1）在书店里请名作家与顾客见面，对所购书籍签名留念，一般促销都比较好。消费者买书是为了收藏自己所喜爱作家的作品，而作家签名的书籍无疑更有纪念价值。

（2）在商场中请名演员献艺，可以吸引大量顾客，生意自然兴旺。大多数人都有凑热闹的心理，请著名演员献艺，既可以使顾客看到喜欢的演员，又能在商场引起轰动效应，增加客流量。

（3）在商品及包装上请名人写字作画。如布娃娃在美国原售价每个 20 美元，而“椰菜娃娃”设计者亲手签名的布娃娃售价曾高达 300 美元，这种“椰菜娃娃”在美国曾一度供不应求。但是邀请名人签字也不宜过多过滥，有的书法家到处为店铺题名，这无疑会在某种程度上失去名人签字的吸引力。

（4）请有关领导到商场，可吸引大批群众进店。领导的权威性无疑是巨大的，在很多百姓心里，领导认可的东西必定是货真价实的东西。

（5）在广告中邀请名人宣讲或表演，效果特别好。名人一般都具有较高的知名度，或者还有相当的美誉度，以及特定的人格魅力等，他们参与广告活动特别是直接代言产品，与其他广告形式相比，更具有吸引力、感染力、说服力、可信度，有助于引发受众的注意、兴趣和购买欲。

在选择名人进行宣传的时候，不能盲目追求大牌明星，一定要选择与宣传内容相符的明星，因为名人的类型与所带来的效应有着莫大的关联。譬如，让一位歌星去代言学校，可能起初会有不少人慕名而去，但时间一长，名人效应就会慢慢淡去。如果由一位在教育界非常有名气的学者来为学校做宣传，带来的名人效应可能会长久存在。

【定律链接】被书商利用的总统

一个出版商有一批滞销书久久不能脱手，于是他想了一个主意，让总统“帮”他卖书。计划妥当后，他给总统送去一本书，三番五次去征求意见。忙于政务的总统不愿与他过多纠缠，便回了一句：“这本书不错。”出版商便借机大做广告：“现有总统喜爱的书出售。”于是这些书被一抢而空。

不久，这个出版商又有书卖不出去，又送了一本给总统。总统上了一回当，想奚落他，就说：“这本书糟透了。”出版商闻之，又做广告：“现有总统讨厌的书出售。”仍有不少人出于好奇心而争相购买，书很快又卖完了。

第三次，出版商将书送给总统，总统接受了前两次的教训，便不做任何答复。出版商仍大做广告：“现有总统难以下结论的书，欲购从速！”居然又被一抢而空。总统哭笑不得，商人大发其财。

商人利用总统的声望，大肆宣扬其书是经过总统评论的。购书者出于好奇，想知道为什么总统会觉得那本书不错、讨厌和难以下结论，所以争相购买。由于总统属于众所周知的人物，他的一举一动、一言一行都会被人关注。这位精明的出版商深谙顾客心理，巧用名人效应，在平淡中见神奇，实在是构思奇特，别出心裁。

沉锚效应：成败就在于第一印象

信息影响，先入为主

《汉书·息夫躬传》：“唯陛下观览古今，反复参考，无以先入之语为主。”“先入为主”是自古就有的一种心理作用，人们在交流中，先听进去的话或先获得的印象往往在头脑中占有主导地位，以后再遇到不同的意见时，就不容易接受。这不是因为首先获得的印象有多重要，而是因为人们的思维已经定型了。

关于这方面，在经济学领域有这样一个著名的假设案例：

一个穷人为了维持生计，要把一幅字画卖给一个收藏家。穷人认为这幅字画至少值 20000 元，而收藏家是从另一个角度考虑，他认为这幅字画最多值 30000 元。从这个角度看，如果能顺利成交，那么字画的成交价格会在 20000～30000 元之间。如果把这个交易的过程简化为：由收藏家开价，而穷人选择成交或还价，如果收藏家同意穷人的还价，交易顺利结束；如果收藏家不接受，交易也结束了，买卖没有做成。

这是一个很简单的讨价还价问题，在这个讨价还价的过程中，由于收藏家认为字画最多值 30000 元，因此，只要穷人的还价不超过 30000 元，收藏家就会选择接受还价条件。此时，穷人的第一要价就很重要，如果收藏家的开价是 25000 元，穷人要价 28000 元，没有超过 30000 元，收藏家就有可能接受。同样，如果穷人知足常乐，当收藏家出价 25000 元，穷人认为在其底线 20000 元以上，也可能以此价格成交。

其实，无论是穷人还是收藏家，只要对方首先开出价格，他都会根据对方的价格来定价，这就是受“沉锚效应”的影响。

所谓“沉锚效应”，指的是人们在对某人某事做出判断时，易受第一印象或第一信息支配，第一信息就像沉入海底的锚一样把人们的思想固定在某处。具体到讨价还价过程中，就是某方的第一报价或要价会将对方的思维固定在某一处，进而让对方根据这一信息做出相应的决策。这个过程其实就是一场博弈，如果收藏家懂得博弈论，他会改变策略：要么后出价，要么是先出价，但是不允许穷人讨价还价。如果穷人不答应，收藏家就坚决不再继续谈判，也不会购买穷人的字画。这个时候，只要收藏家的出价略高于 20000 元，穷人就一定会将字画卖给收藏家。因为 20000 元已经超出了穷人的心理价位，一旦不成交，就一分钱也拿不到，只能继续受冻挨饿。

关于这种“沉锚效应”，许多销售商深知其妙：当顾客是一个精明的家庭主妇时，他们会采取先报价，准备着对方来压价；当顾客是个毛手毛脚的小伙子时，他们大部分会先问对方“给多少”，因为对方有可能会报出一个比自己期望值还要高的价格，如果先报价的话，就失去了这个机会。

除了报价还价，“沉锚效应”还普遍存在于生活的其他方面，第一印象和先入为主就是它在社会生活中最常见的表现形式。求职时，给面试官的第一印象很重要，往往会决定这轮面试的通过与否；谈朋友时，许多女孩在与男孩初次见面后，由于对对方有着不满意的第一印象，便不愿再交往下去。先入为主，也有很多例子，比如美国的开国总统华盛顿就是应用“先入为主”手段的高手。

一天，邻居盗走了华盛顿的马，华盛顿也知道马是被谁偷走的，于是，华盛顿就带着警察来到那个偷他马的邻居的农场，并且找到了自己的马。可是，邻居死也不肯承认这匹马是华盛顿的。华盛顿灵机一动，就用双手将马的眼睛捂住说：“如果这马是你的，你一定知道它的哪只眼睛是瞎的。”“右眼。”邻居回答。华盛顿把手从右眼移开，马的右眼一点问题没有。“啊，我弄错了，是左眼。”邻居纠正道。华盛顿又把左手也移开，马的左眼也没什么毛病。

邻居还想为自己申辩，警察却说：“什么也不要说了，这还不能证明这马不是你的吗?”

华盛顿利用那句“它的哪只眼睛是瞎的”的暗示，致使邻居认定“马有一只眼睛是瞎的”。他成功地给邻居设置了这个“沉锚”陷阱，使其露出了破绽，邻居的辩解也就不攻自破了。

在生活中，我们同样也可以运用这种沉锚效应获得事半功倍的效果。当孩子一个劲儿闹着要吃巧克力时，如果用强制的手段拒绝，他肯定哭得更厉害。如果在拒绝巧克力的同时，又问他："你是想吃香蕉还是苹果?"孩子就可能顺着这个引导重新做出选择。

在生活中，我们要避开"沉锚"陷阱。不要以貌取人，不要草率地凭着第一感觉去做决策，不要习惯用过去预测将来，头脑中留有深刻记忆的事件同样会成为"沉锚"，使我们的思维离开正道而偏向陷阱方向。"沉锚"是把"双刃剑"，使用它的时候，我们要学会趋利避害，才能做到游刃有余。

弄清"沉锚效应"，别将自己囿于窄巷

"沉锚效应"实际上是一种思维定式，遇事不由自主地将认识"锚"在第一信息上，这是一种常见而有害的现象，中国人用成语"先入为主"来表示这个意思。考虑一个问题时，大脑会对得到的第一个信息给予特别的重视，第一印象或数据就像沉入海底的锚一样，把思维固定在了某一处。第一信息打下的烙印的确深刻，如不辩证地看待，它就像一只无形的巨手，强有力地影响着我们的思维走向。

萧伯纳曾经说，经济学是一门最大限度创造生活的艺术。在很多情况下，这种创造的基础就是建立在报价基础上的讨价还价，或者说，讨价还价本身是创造生活艺术的一种具体方法。在商品交易中，我们完全可以运用"沉锚效应"获得事半功倍的效果。

有一个优秀的推销员，当他见到顾客时很少直接问："你想出什么价?"他会不动声色地说："我知道您是个行家，经验丰富，根本不会出 20 元的价钱，但您也不可能以 15 元的价钱买到。"这句话似乎是随口说出，实际上是在利用先报价的先发优势，无形之间就把讨价还价的范围限制在 15～20 元。

很明显，先报价占据了一定的优势，有一定的好处，但是它泄露了一些情报，对方听了以后，可以把心中隐而不报的价格与之相比较，然后进行调整：合适就拍板成交，不合适就利

用各种手段进行杀价，此时，后报价者又有了一种后发优势。

一般情况下，如果你准备比较充分，而且知己知彼，就一定要争取先报价；如果你不是谈判高手，而对方是高手，那么你就要沉住气，不要先报价，要从对方的报价中获取信息，及时修正自己的想法。如果你的谈判对手是个外行，那么，不管你是内行还是外行，你都要争取先报价，力争牵制、诱导对方。

有时谈判双方出于各自的打算，都不会先报价。这时，对于各方来说，就有必要采取“激将法”让对方先报价。譬如当你与对方绕来绕去都不肯先报价时，你不妨突然说一句：“噢！我知道，你一定是想付30元！”对方就有可能争辩：“你凭什么这样说？我只愿付20元。”他这么一辩解，就等于报出了价，你就可以在这个价格上讨价还价了。

博弈理论已经证明，当谈判的多阶段博弈是单数阶段时，先开价者具有先发优势；是双数阶段时，后开价者具有后发优势。因此，先报价和后报价都有利弊之处，谈判中是选择先声夺人还是后发制人，要根据不同的情况灵活处理。

【定律链接】巧借沉锚效应，让财源滚滚来

某条街上，有两家卖粥的小店，我们不妨叫它们甲店和乙店。两家小店无论是地理位置、客流量，还是粥的质量、服务水平都差不多。而且从表面看来，两家的生意也一样红火。然而，每天晚上结算的时候，甲店总是比乙店要多出一两百元钱。为什么这样呢？差别只在于服务小姐的一句话。

细心的人发现，当客人走进乙店时，服务小姐热情招待，盛好粥后会问客人：“请问您加不加鸡蛋？”客人说加，于是小姐就给客人加了一个鸡蛋。每进来一个，服务小姐都要问一句：“加不加鸡蛋？”有说加的，也有说不加的，各占一半。

而当客人走进甲店时，服务小姐同样会热情招呼，同样会礼貌地询问，但是她们的询问不是“您加不加鸡蛋”，而是“请

问您是加一个鸡蛋还是两个鸡蛋”，面对这样的询问，爱吃鸡蛋的客人就要求加两个，不爱吃的就要求加一个，也有要求不加的，但是很少。因此，一天下来，甲店总会比乙店多卖很多鸡蛋，营业收入和利润自然就多一些。

顾客在乙店中，是选择“加还是不加”；在甲店中，是选择“加一个还是加两个”，第一信息的不同，消费者做出的决策就不同。

可见，在从事广告、宣传、推销等活动的时候，更应该注重传给市场、传给顾客的第一信息，并且利用准确、鲜明和有创意的信息来吸引顾客，达到商品大卖的目标。

第八章　管理学原理

二八法则：抓住起主宰作用的“关键”

无所不在的二八法则

理查德·科克在牛津大学读书时，学长告诉他千万不要上课，“要尽可能做得快，没有必要把一本书从头到尾全部读完，除非你是为了享受读书本身的乐趣。在你读书时，应该领悟这本书的精髓，这比读完整本书有价值得多”。这位学长想表达的意思实际上是：一本书80％的价值在20％的页数中就已经阐明了，所以只要看完整部书的20％就可以了。

理查德·科克很喜欢这种学习方法，而且一直将其沿用下去。牛津并没有一个连续的评分系统，课程结束时的期末考试就足以裁定一个学生在学校的成绩。他发现，如果分析过去的考试试题，会发现把所学到与课程有关的知识的20％，甚至更少，准备充分，就有把握回答好试卷中80％的题目。这就是为什么专精于一小部分内容的学生，可以给主考人留下深刻的印象，而那些什么都知道一点，但没有一门精通的学生却考不出好成绩。这项心得让他不用披星戴月、终日辛苦地学习，但依然取得了很好的成绩。

理查德·科克到壳牌石油公司工作后，在可怕的炼油厂内服务。他很快就意识到，像他这种既年轻又没有什么经验的人，最好的工作也许是咨询业。所以，他去了费城，并且比较轻松地获取了 Wharton 工商管理的硕士学位，随后加盟了一家顶尖的美国咨询公司，第一个月，他领到的薪水是在壳牌石油公司的 4 倍。

就在这里，理查德·科克发现了许多运用二八法则的实例。咨询行业 80%的成长，几乎全部来自专业人员不到 20%的公司，而 80%的快速升职也只有在小公司里才有——有没有才能根本不是主要的问题。

当理查德·科克离开第一家咨询公司，跳槽到第二家的时候，他惊奇地发现，新同事比以前公司的同事更有效率。

怎么会出现这样的现象呢？新同事并没有更卖力地工作，但他们充分利用了二八法则，他们明白，80%的利润是由 20%的客户带来的，这条规律对大部分公司来说都行之有效。这样一个规律意味着两个重大信息：关注大客户和长期客户。大客户所给的任务大，这表示你更有机会运用更年轻的咨询人员；长期客户的关系造就了依赖性，因为如果他们要换另外一家咨询公司，就会增加成本，而且长期客户通常不在意价钱问题。

对大部分的咨询公司而言，争取新客户是重点工作，但在他的新公司里，尽可能与现有的大客户维持长久关系才是明智之举。

不久后，理查德·科克确信，对于咨询师和他们的客户来说，努力和报酬之间也没有什么关系，即使有也是微不足道的。聪明人应该看重结果，而不是一味地努力；应该依照一些解释真理的见解做事，而不是像头老黄牛单纯地低头向前。相反，仅仅凭着脑子聪明和做事努力，不见得就能取得顶尖的成就。

二八法则无论是对企业家、商人还是电脑爱好者、技术工程师和其他任何人，意义都十分重大。这条法则能促进企业提高效率，增加收益；能帮助个人和企业以最短的时间获得更多的利润；能让每个人的生活更有效率、更快乐；它还是企业降低服务成本、提升服务质量的关键。

二八法则的运用

微软的创始人比尔·盖茨曾开玩笑似的说，谁要是挖走了微软最重要的约占20%的几十名员工，微软可能就完了。这里，盖茨告诉了我们一个秘密：一个企业持续成长的前提，就是留住关键性人才，因为关键人才是一个企业最重要的战略资源，是企业价值的主要创造者。

留住你的关键人才，因为关键人才的流失有时对一个企业来讲是致命的。

因此，在任何时候，你都要和他们保持良好的沟通，这种沟通不仅是物质上的，更是心理上的，让他们觉得自己在公司具有举足轻重的地位。如果他们感觉到老板对自己的赏识，他心中会升华一种责任感，从而愿意与公司共进退。

一家西方知名公司的首席执行官刚刚实行了一项革命性的举措——部门经理每季度提交关于那些有影响力、需要加以肯定的职员的报告。这位首席执行官亲自与他们联系，感谢他们的贡献，并就公司如何提高效率向他们征求意见。通过这一举措，这位首席执行官不仅有效留住了关键性的人才，还得到了他们对公司的持续发展提供的大量建议。

另外，要仔细分析关键人才在什么情况下业绩最佳，在那段时间内，他们是如何工作的。因为即使是一个关键人才，他的业绩也不是每个季度、每个月都一样的。根据二八法则，找出他们创造了80%的业绩的20%的工作时间，来分析他们在那段时间内创造佳绩的原因。

你也许会问，对表现差的那80%的销售员该怎么办？

其实这些问题你不必考虑，你要训练的是那些你打算长久留在身旁的人，若训练随时准备让他们走人的员工，才真是徒劳无功。

让关键人才来训练你打算留下来的人员，经过一个阶段之后，在受训人员中淘汰掉表现较差的一部分，只保留表现最好的20%，把80%的训练计划和精力放在他们身上，力争他们也成为公司的关键人才。这样，长江后浪推前浪，整个公司的业绩也就上升了。

一位著名的管理学者说："成功的人若分析自己成功的原因，就会发现二八法则在自己成功的道路上发挥了巨大的作用。80%的成长、获利和发展，来自20%的客人。公司至少应知道这20%是谁，才可能清楚看到未来成长的前景。"

1998年，在梅格·惠特曼出任eBay（易趣网）公司首席执行官5个星期之后，她主持了一次为期2天的会议，讨论收缩销售战线的问题，并再次检查用户数据。如果了解eBay公司每个卖家的交易量（当然这由eBay公司负责），你就可以很容易地列出双栏表格。第一栏按照递减顺序，也就是按照交易量从最大到最小的顺序将客户排列下来。第二栏进行交易量累计（例如第一栏中，第一名客户的交易量为5万美元，第二名客户的交易量为4万美元，那么，在第二栏中，对应第一名客户的交易量累计将会是5万美元，而对应第二名客户的交易量累计则为9万美元）。现在，看看第二栏，我们可以找到累计销售额占eBay公司总销售额80%的客户，从中我们可以知道eBay公司销售的集中程度怎样。

经过2天的整理和排列，惠特曼和她的团队发现，eBay公司20%的用户，占据了公司总销售量的80%。这个消息并非听听而已，它提醒大家，针对这20%客户的决策对于eBay公司的发展和收益非常关键。当eBay公司的管理者追踪这20%核心用户的身份时，他们发现这些人大都是收藏家。因此，惠特曼和她的团队决定不再像其他网站那样，通过在大众媒体上做广告去吸引客户，转而在收藏家更容易关注的玩偶收藏家——玛丽·贝丝的无檐小便帽世界等收藏专业媒体和收藏家交易展上加大宣传力度，这一决策成为eBay成功的关键。

将注意力集中在核心用户身上，促成了 eBay 公司大销售商计划的诞生。该计划旨在通过提升核心客户的表现，从而带动 eBay 公司自身有更好的表现。该计划向三类大销售商提供了特权和认可，他们分别是：铜牌用户，每月销售 2000 美元；银牌用户，每月销售 10000 美元；金牌用户，每月销售 25000 美元。只要大销售商获得了买家的好评，eBay 公司就会在这个销售商的名字旁边加注一个专用徽标，并给他们提供额外的客户支持。比如，金牌销售商可以拥有 24 小时客户支持的热线电话。

由此可见，在公司管理中，要运用二八法则来调整管理的策略，就要首先清楚掌握公司在哪些方面是赢利的，哪些方面是亏损的，只有对局势有了全面的了解，才能对症下药，制定出有利于公司发展的策略。如果脑袋里是一笔糊涂账，就无从谈起二八法则的运用，而那些琐碎、无用的事情将继续占据你的时间和精力。所以首要的任务是对公司做一次全面的分析，细心检查公司里的每个细微环节，理出那些能够带来利润的部分，从而制定出一套有利于公司成长的策略。

你要找出公司里什么部门业绩平平，什么部门创造了较高利润，又有哪些部门带来了严重的赤字。通过分析比较，你就会发现哪些因素在公司中起到举足轻重的作用，而另一些则在公司中的作用微不足道。

在企业经营中，少数的人创造了大多数的价值，获利 80% 的项目只占企业全部项目的 20%。因此，你应该学会时刻注重那关键的少数，提醒自己把主要的时间和精力放在那关键的少数上，而不是用在获利较少的多数上，泛泛地做无用功。

【定律链接】慎用二八法则

实际上，运用二八法则有着严格的前提假设，离开这些假设来谈论该法则的普遍适用性，就会导出十分荒谬的结论。

第一，假设具备事前判断关键与非关键事物所需的各种信息，否则就无法有效区别关键少数与一般多数。管理复杂系统，如果无法事先确定哪些是少数关键因素，也就不可能提出操作对策。

第二，假设少数关键要素与多数一般要素这两者之间互相独立不相关。事实上，在管理系统中，关键少数与一般多数之间往往存在着双向互动的相关性。因此，用对有机系统进行肢解的方式来获取所谓的关键因素，而把其余的部分均归为所谓的一般因素，这种做法非常荒谬。

第三，假设所找到的关键事物或环节等是可调控的，即二八法则所涉及的关键因素是人类群体理性选择的结果，它是一种人类决策可改变、可利用的规律。如果找出的关键因素是管理者及企业力量所不能改变的，却硬要试图违背理性加以改变，就如同头撞南墙、鸡蛋碰石头，其结果将以失败而告终。从这个角度看，除非管理环境在其存在方式、发展趋势、运行模式、因果关系等方面的变化具有一定的可预见、可调控的特性，否则二八法则就只有解释性，而不具可行性，对管理者来说等于无效。

所以，关于二八法则，在使用中应该注意：

（1）要以符合一定的前提假设为先决条件。

（2）要将80％与20％看成是一个整体，也就是要在注重20％关键因素的同时，也关注80％非关键因素，在二者协调的情况下，提高整个系统的水平。

分粥规则：利己并不妨碍公平

分粥的难题

有一个很古老的故事：

有7个小矮人在一起共同生活，其中每个人都没有什么凶险祸害之心，但不免有自利的心理，他们每天要分食一锅粥，但没有称量用具。

大家发挥了聪明才智，试验了各种不同的方法，主要方法如下：

方法一：拟定一人负责分粥事宜。很快大家就发现这个人为自己分的粥最多，于是换了人，结果总是主持分粥的人碗里的粥最多。大家得出结论：权力导致腐败，绝对的权力导致绝对腐败。

方法二：大家轮流主持分粥，每人一天。虽然看起来平等了，但是每个人在一周中只有自己分粥那天吃得饱且有剩余，其余六天都饥饿难耐。结论：资源浪费。

方法三：选举一位品德尚属上乘的人。开始还能维持基本公平，但不久他就开始为自己和溜须拍马的人多分。结论：毕竟是人不是神。

方法四：选举一个分粥委员会和一个监督委员会，形成监督和制约。公平基本做到了，可是由于监督委员会经常提出多种议案，分粥委员会又据理力争，等粥分完，早就凉了。结论：类似的情况政府机构比比皆是。

方法五：每人轮流值日分粥，分粥的人最后一个领粥。结果，每次七只碗里的粥都一样多。

这就是分粥的难题。要让分粥工作既有效率又公平，确实不是一件容易的事情。所幸的是，7 个小矮人通过实践，最终实现了效率与公平的共赢。

所谓"分粥规则"，是政治哲学家罗尔斯在其著作《正义论》中提出的。在这个颇有趣味的小故事背后，揭示的是社会财富的分配问题。罗尔斯把社会财富比作一锅粥，这锅粥当然不是敞开的"大锅饭"，所以罗尔斯假设 7 个小矮人共同分粥——这 7 个小矮人，实际上代表的就是政治经济学体制下的广大人民；而以上小矮人进行的不同的实验，代表的自然就是不同的政治经济体制。

在没有精确计量手段的情况下，无论选择谁来分，都会有利己嫌疑。经过多方博弈后，解决的方法就是第五种——分粥者最后喝粥，等所有人把粥领走了，“分粥者”喝剩下的那份。因为让分粥者最后领粥，就给分粥者提出了一个最起码的要求——每碗粥都要分得很均匀，否则最少的那碗肯定是自己的。只有分得合理，自己才不至于吃亏。因此，“分粥者”即使只为自己着想，结果也是公正、公平的。

【定律链接】制度决定行为

通过分粥规则我们看到，同样是七个人，不同的分配制度，就会有不同的结果。所以一个单位如果有不好的工作习气，一定是机制问题，没有严格的制度奖勤罚懒。如何制定并执行系统的制度，是每个企业每一位管理者都需要思考的课题。具体可以从以下几个方面入手：

1. 构建制度、奖惩分明

古人说：“知易行难。”搞好制度建设是做好工作的前提，执行制度才是提高效率的关键。要想有效执行制度，首先要培养员工对制度的认同感。针对部门、员工岗位的要求，加强组织学习和培训，使每个员工都能清楚地知道自己应该做什么，不应该做什么，企业倡导什么，反对什么，什么是不正确的行为，什么是应该坚持的底线，这样才能确保执行不出现偏差。其次，在执行制度和管理的过程中，还要不断完善和优化各类制度，时刻坚持制度是职工必须遵循的行为准绳，树立制度的权威性和执行制度的刚性，充分强调职工对制度的无条件服从和百分百的执行。再次，在执行过程中，要敢于直面问题，准确、到位、公开地点评工作中的不足，批评不良倾向，提出整改措施。要把上级的要求，与本单位的具体情况、基层班组的工作特点、职工的思想实际等，有机结合起来加以贯彻落实，防止出现形式主义、应付上级的不良现象。

2. 领导垂范、率先执行

古人说："身教重于言教。"领导的执行力是企业制度建设最有力的保证。企业的各级领导干部既是制度的制定者，也是制度的执行者。当前，一些企业中的某些各级干部还不同程度地存在软、懒、散等现象，具体讲，制度执行不下去就是新形势下"软"的表现，缺乏创新意识、工作没有激情就是"懒"的表现，中心工作不突出、工作指导不到位就是"散"的表现。企业执行力的提高，需要领导者有坚定的态度、坚强的决心、有力的措施，更需要领导者身体力行。提高企业执行力，要提高领导者自身的执行力，要坚持真抓实干，说到做到，言出必行；坚持公司制度面前人人平等，严格按章办事，不做企业特殊员工；要深入基层，了解企业，了解员工，掌握实情；要参与执行，关注细节，及时协调解决企业运营过程中存在的各类问题；要加强团结协作，推进民主管理，在重大问题决策上集思广益、群策群力，形成相互支持、协调、团结共事的局面。

3. 文化引领、广泛认同

制度建设是企业文化的重要表现之一。企业执行力文化的核心内容，是一种对制度负责、敬业的精神和服从、诚实的态度。要把"不讲任何借口"的制度准则，融合在企业文化里，印刻在员工心目中，使之成为企业每个员工的一种守则、一种信念和一种精神力量。我们知道，员工的观念改变态度才会变，态度改变执行才会变，执行改变企业才会变。因此，要充分运用"荣辱观"教育、"主人翁"教育、职业道德教育等活动，大力推进企业文化建设。开展经常性的企业精神教育，采取生动活泼、喜闻乐见的形式，灌输"执行制度不是对职工的约束，而是对职工的关爱"、"执行制度就是尊重自己"、"安全是最大的以人为本"等企业观念。教育广大员工，挑战制度和无视规定，就是无视自己生命、践踏生活，是对自己、对家人、对企业、对他人不负责任，其结果必然是失大于得，甚至失去健康和生命。除此之外，还要注重开展榜样教育，把那些体现企业文化、反映企业精神、代表企业形象的先进个人和群体树立起来，彰显他们的地位，作为企业全体员工共同学习的榜样。

犯人船理论：制度比人治更有效

没有规矩，不成方圆

18 世纪，英国政府为了开发新占领的殖民地——澳大利亚，决定将已经判刑的囚犯运往此地。从英国运送到澳大利亚的船运工作由私人船主承包，政府支付长途运输费用。据英国历史学家查理·巴特森写的《犯人船》记载，1790～1792 年，私人船主运送犯人到澳大利亚的 26 艘船共 4082 人，死亡 498 人，死亡率很高。其中有一艘名为海神号的船，424 个犯人中死了 158 人。英国政府不仅经济上损失巨大，而且在道义上受到社会强烈谴责。

对此，英国政府实施了一种新制度以解决问题。政府不再按上船时运送的囚犯人数支付船主费用，而是按下船时实际到达澳大利亚的囚犯人数付费。新制度立竿见影。据《犯人船》记载，1793 年，3 艘新制度下航行的船到达澳大利亚后，422 名罪犯只有 1 人死于途中。此后，英国政府对这些制度继续改进，如果罪犯健康良好还给船主发奖金。这样，运往澳大利亚罪犯的死亡率明显有所下降。

如果从我们熟悉的一般思维方式上寻找解决以上犯人死亡问题的方法，一般可以列举出两种，对船主进行道德说教，寄希望于私人船主良心发现，为囚犯创造更好的生活条件，或者政府进行干预，使用行政手段强迫私人船主改进运输方法。但以上两种做法都有实施难度，同时效果也许甚微。然而，新的制度却既可以顺应船主们牟利的需求，也使得犯人平安到达目的地。

这就是制度的作用。所谓制度，就是约束人们行为的各种规矩。“没有规矩，不成方圆”，制度在维护经济秩序方面起着重要作用。一个好的制度一方面可以避免人们在经济生活中的盲目性，形成统一的管理和流程，例如财务制度的建立，使得公司内部资金使用十分规范，人们只需按照相应的规定行事即可；另一方面，制度能规避机会主义行为。

制度的最大受益者是遵循制度的人

合理的制度确实可以对不规范的行为起到良好的约束与引导作用。阿里巴巴集团创办的支付宝，在电子商务一度遭受信用质疑的时刻横空出世，化繁为简，填补了中国金融业在电子商务领域的空白，让每一个消费者都可以放心地进行网上交易。支付宝取得成功的原因就在于取得了消费者的信任，而它之所以能够取得信任，就在于通过严格的制度，规范了网上交易的程序，买主和卖主的权益都得到了最大程度的保障。

可见，无论是公司的制度，还是国家的制度，跟我们每一个人都有紧密的关系。往往一个新制度的产生，会给社会带来不可估量的影响。虽然“犯人船理论”最初是源自于对犯人的约束，但最终，每一个守规矩的人，都是制度最大的受益者。

【定律链接】制度怎样才合理

在传统的智慧中，市场中的消费者是弱者，而与消费者相对的企业便是强者，为了保护弱者，政府便会出面对市场进行干预，制定出一系列的制度。

经济学的中心目标之一就是解释复杂的经济是如何运行的，这些问题涉及经济的协调机制。不同的经济社会有不同的协调机制，从而形成不同的经济体制。在这些经济体制中，其中一种协调机制是市场经济体制，它是在产权确定的条件下，由价格调节单个经济主体的决策；它像一个非常精巧的机构，通过价格和市场体系，无意识地协调着生产者及消费者的活动；它还是一部传达信息的机器，把千百万个经济主体的偏好和行为汇集在一起，很好地解决了生产什么、如何生产、为谁生产等基本的经济问题。

因此，我们说，在人类的经济生活中，在市场经济制度下，如何建立一种合理的制度，便是由效率最高的生产方式决定的。为谁生产，取决于生产要素的供给与需求，要素市场取决于工资、地租、利率和利润的多少。

公平理论：绝对公平是乌托邦

绝对的公平根本不存在

一个人不仅关心自己所得所失本身，而且还关心与别人所得所失的关系。他们是以相对付出和相对报酬全面衡量自己的得失，如果得失比例和他人相比大致相当时，就会心理平静，认为公平合理，从而心情舒畅；比别人高则令其兴奋，这是最有效的激励，但有时过高会带来心虚，不安全感激增；低于别人时同样会令其产生不安全感，心理不平静，甚至满腹怨气，工作不努力、消极怠工。因此分配合理性常是激发人在组织中工作动机的因素和动力。

早在1965年，美国心理学家约翰·斯塔希·亚当斯就已提出“公平理论”，员工的激励程度来源于对自己和参照对象的报酬和投入的比例的主观比较感觉。该理论认为，人能否受到激励，不但由他们得到了什么而定，还要由他们所得与别人所得是否公平而定。

下面，一起来看古印度《百喻经》里的一个“二子分财”

的例子：

古印度有这样的习俗，父母死后要为子女留下财产，而子女之间要平分财产。有一位富商，晚年得了重病，知道自己快要死了，于是便告诉他的儿子们要平分财产。两个儿子遵照他的遗言，在他死后，提出各种平分财产的方案，可是无论哪个方案，兄弟二人都不能同时满意。

就在他们为平分遗产发愁的时候，有一个愚蠢的老人来他们家做客，见此状况，便对两兄弟说："我教你们分财物的办法，一定能分得公平，就是把所有的东西都破开成两份。怎么分呢？衣裳从中间撕开，盘子、瓶子从中间敲开，盆子、缸子从中间打开，钱也锯开，这样一切都是一人一半。"兄弟二人听到这位愚人的建议，顿然醒悟，总算找到平分遗产的方法了。但当他们按这样的方法分完遗产，才发现所有的东西都不能用了……

绝对的公平是不存在的。如果完全都按照数量上的平等来分，就会出现这种形而上学的笑话。所以，效率和公平要兼顾。

公平与否的判定受到个人的知识、修养的影响，再加上社会文化的差异，以及评判公平的标准、绩效的评定的不同等，在不同的社会中，人们对公平的观念也是不同的。但是，面对不公平待遇时，为了消除不安，人们选择的反应行为却大致相同，或者通过自我解释达到自我安慰，主观上造成一种公平的假象；或者更换比较对象，以获得主观上的公平；或者采取一定行为，改变自己或他人的得失状况；或者发泄怨气，制造矛盾；或者选择暂时忍耐或逃避。

寻找公平与效率之间的完美平衡点

在经济学上，公平与效率是个永久的话题，很多人认为两者不可兼得，要么牺牲效率，获得相对的更加公平；要么牺牲公平，去追求更大的效率。事实就是这样，最公平的方案不一定就是最有效的。

两个孩子得到一个橙子，但是在分配的问题上，两人并不能统一。两个人吵来吵去，最终达成了一致意见，由一个孩子负责切橙子，而另一个孩子选橙子。最后，这两个孩子按照商定的办法各自取得了一半橙子，高高兴兴地拿回家去了。其中一个孩子把半个橙子拿到家，把橙子皮剥掉扔进了垃圾桶，把果肉放到果汁机里榨果汁喝；另一个孩子回到家把果肉挖掉扔进了垃圾桶，把橙子皮留下来磨碎了，混在面粉里烤蛋糕吃。

两个“聪明”的孩子想到了一个公平的方法来分橙子：如果切橙子的孩子不能将橙子尽量分成均等两半，那么另一个孩子肯定会先选择较大的那一块，所以这就迫使他要进行均匀的分配，否则吃亏的就是自己。这似乎是一个“完美”的公平方案，结果双方也都很满意。然而，他们各自得到的东西却未能物尽其用，这个公平的方案并没有让双方的资源利用效率达到最优。

如果将橙子果肉掏出，全部给需要榨果汁的小孩，把橙皮全部留给需要橙皮烤蛋糕的小孩，这样就避免了果肉和果皮的浪费，达到资源利用的最大化。但对两个小孩来说，这样的方案，他们会觉得不公平而拒绝接受。

许多公司为了避免员工的不公平心理对工作效率造成影响，都对员工工资采取保密措施，使员工相互不了解彼此的收支比率，从而无法进行比较。这种做法有些类似于“纸里包火”。其实，若想要规避不公平心理的负面效应，不但要公开大家的付出与所得，还需要建立合理的工作激励机制，以及公正的奖罚制度，并铁面无私地严格执行下去。

然而事实上，要提高效率，难免就会存在不平等。要实现平等，则往往要以牺牲效率为代价。世上没有绝对的公平，公平永远是相对的。所以对于我们个人来说，不要刻意去为点滴的不公而大动干戈，也不要为过于追求效率而无视施加于大家头上的不平等。一个优秀的团体，总能做到效率与公平的兼顾，并知道何时需要注重公平，何时需更注重效率。同样，一个聪明的人在处理事务时，也总会在公平与效率之间找到完美的平衡点。

【定律链接】结果公平和机会公平

公司的年终酒会上，一个漂亮的女孩被很多男生看上了。每个人都想邀请她跳舞，却又不好意思。有几个大胆的男生来邀请女孩跳舞，女孩犹豫了一下，选择了一个年轻帅气的男生。其他男生立马撇嘴，觉得这个女孩怎么可以只看男生外表不重内涵呢？真没品位。第二次女孩又和一位中年成熟男士跳舞，其他人又撇嘴，这个女孩怎么只看男生有钱没钱呢？真虚荣。第三次女孩选择了一个长相平平的男生跳舞，其他人还撇撇嘴，他长那么丑，还没有我帅呢！她怎么这么没有品位呢！

可见，这个女孩无论如何选择，都无法达到这些男士所认为的公平。在公平与效率之间，既不能只强调效率而忽视了公平，也不能因为公平而不要效率，应该寻求一个公平与效率的最佳契合点，实现效率，促进公平。但要实现效率与公平的完美结合，又谈何容易？各方要在合作的基础上达成一种均衡，必须考虑各方的利益。在大家实力相当的时候，必须使每个人得失相当。最难的是，每个人都觉得自己得到的是最少的，无论如何都是不公平的。

在诸如此类的生活场景中，之所以总会听见人们抱怨，就是因为公平难以实现。

经济学家把公平划分为结果公平和机会公平。结果公平是由人类社会的整体性所决定的，无论强者还是弱者，每个人都应享有基本的权利，即生存和发展的权利。结果公平更加注重人的差异性，它是通过社会再分配的方式，对于弱者给予补偿，个人所得税、奢侈品税的核心思想就是通过财富转移支配达到促进社会公平的结果。

鲇鱼效应：让外来“鲇鱼”助你越游越快

鲇鱼效应就是一种负激励

挪威人喜欢吃沙丁鱼，尤其是活鱼，市场上活沙丁鱼的价格要比死鱼高许多，所以渔民总是千方百计地想让沙丁鱼活着回到渔港。虽然经过种种努力，可绝大部分沙丁鱼还是在中途因窒息而死亡。但有一条渔船总能让大部分沙丁鱼活着。船长严格保守着秘密，直到船长去世，谜底才揭开，原来是船长在装满沙丁鱼的鱼槽里放进了一条鲇鱼。鲇鱼进入鱼槽后，由于环境陌生，便四处游动，沙丁鱼见了十分紧张，左冲右突，四处躲避，加速游动。这样一来，一条条沙丁鱼欢蹦乱跳地回到了渔港。

这就是著名的“鲇鱼效应”，即采取一种手段或措施，刺激一些企业活跃起来，投入市场中积极参与竞争，从而激活市场中的同行业企业。其实质是一种负激励，是激活员工队伍的奥秘。

比如，一个企业内部人员长期固定，就会缺乏活力与新鲜感，从而容易产生惰性，影响企业生产效率。对企业而言，将“鲇鱼”加进来，会制造一些紧张气氛。当员工们看见自己周围多了些“职业杀手”时，便会有种紧迫感，觉得自己应该要加快步伐，否则就会被挤掉。这样一来，企业就又能焕发出旺盛的活力了。

同样，如果一个人长期待在一种工作环境中反复从事着同样的工作，很容易滋生厌倦、疲惰等负面情绪，从而导致工作绩效明显降低，长此以往，就掉入了职业倦怠的漩涡之中。“鲇鱼”的加入，会使人产生竞争感，从而促进自己的职业能力成长和保持对工作的热情，这样也就容易获得职业发展的成功。

要知道，适度的压力有利于保持良好的状态，有助于挖掘人们的潜能，从而提高个人的工作效率。例如，运动员每临近比赛时，一定要将自己调整到能感觉到适度的压力，让自己兴奋的最佳竞技状态。相反，如果不紧张、没压力感，则不利于出成绩。可见，适度的压力对挖掘自身的内在潜力资源是有正面意义的。

有一位经验丰富的老船长，当他的货轮卸货后在浩瀚的大海上返航时，突然遭遇到了巨大的风暴。年轻的水手们惊慌失措，老船长果断地命令水手们立刻打开货舱，往里面灌水。“船长是不是疯了，往船舱里灌水只会增加船的压力，使船下沉，这不是自寻死路吗?”

船长望着这群稚嫩的水手们说：“百万吨的巨轮很少有被打翻的，被打翻的常常是船身轻的小船。船在负重的时候是最安全的，空船时则是最危险的。在船的承载能力范围之内，适当的负重可以抵挡暴风骤雨的侵袭。”

水手们按照船长的吩咐去做，随着货舱里的水位越升越高，随着船一寸一寸地下沉，依旧猛烈的狂风巨浪对船的威胁却一点一点地减少，货轮渐渐平稳下来。

这就是“压力效应”。那些得过且过、没有一点压力的人，就像是风暴中没有载货的船，人生的任何一场狂风巨浪都能将其覆灭。而那些时刻认识到“鲇鱼效应”的存在，在生活中适当存有压力，善于保持工作激情的人，是不会轻易被风浪击倒的，反而时刻走在追求成功的道路上。

适度的压力是必要的，但若压力过度的话，不仅不会消除厌倦慵懒的情绪，反而会激发无助、绝望等更为负面的情绪，从而使自己的状况恶化，这就好比将许多鲇鱼放入了沙丁鱼鱼槽中。鲇鱼是食鱼动物，正因为这种特性，加入一条鲇鱼会给沙丁鱼带来压力，从而发生“鲇鱼效应”；然而如果放入大量鲇鱼，这不但不能给沙丁鱼带来游动的动力，反而给它们带来灾难。

对于企业中的个人来说，“鲇鱼”要么是位奖罚分明、雷厉风行的领导，要么是位表现突出、实力强劲的同事，还有可能是位积极向上、富有活力的下属。这些“鲇鱼”的适当存在，都能让其他员工产生向前奋进的动力。久而久之，我们会慢慢发觉，我们也变成了周围人眼中的“鲇鱼”，大家都处在一个良性循环的竞争中。

在当今这个日新月异的社会中，原地不动就意味着退步。若不想落后于他人，那就给自己找条“鲇鱼”吧，保持着适度的压力，并将压力化为动力，我们就会越游越快。

引入“鲇鱼”员工

本田汽车公司的创始人本田宗一郎就曾面临这样一个问题：公司里东游西荡的员工太多，严重影响企业的效率，可是全把他们开除也不现实，一方面会受到工会方面的压力，另一方面企业也会蒙受损失。这让他左右为难。他的得力助手、副总裁宫泽就给他讲了沙丁鱼的故事。

本田听完故事，豁然开朗，连声称赞：这是个好办法。于是，本田马上着手进行人事方面的改革。经过周密的计划和努力，终于把松和公司的销售部副经理、年仅35岁的武太郎挖了过来。武太郎接任本田公司销售部经理后，首先制定了本田公司的营销法则，对原有市场进行分类研究，制订了开拓新市场的详细计划和明确的奖惩办法，并把销售部的组织结构进行了调整，使其符合现代市场的要求。上任一段时间后，武太郎凭着自己丰富的市场营销经验和过人的学识，以及惊人的毅力和工作热情，受到了销售部全体员工的好评，员工的工作热情被极大地调动起来，活力大为增强。公司的销售出现了转机，月销售额直线上升，公司在欧美及亚洲市场的知名度不断提高。

无疑，本田是“鲇鱼效应”的获益者。从那以后，本田公司每年都重点从外部“中途聘用”一些精干利索、思维敏捷的30岁左右的生力军，有时甚至聘请常务董事一级的“大鲇鱼”，这样一来，公司上下的“沙丁鱼”都有了触电式的警觉。

【定律链接】给自己找个对手

人类从古至今，总是生活在各种各样的竞争之中，一个人在职场生存和发展，就要有竞争意识，就要有一种比对手做得更好的意识。

如果没有竞争意识，就不会有奋斗和进取的动力，这样的人，终究逃不过平庸和被淘汰的命运。竞争是一种能力，只有在竞争中才能感觉到生命的存在，只有在竞争中才能感觉到自己活得充实而有意义，只有在竞争中才能真正实现自我。

加拿大有一位享有盛名的长跑教练，由于在很短的时间内培养出好几名长跑冠军，所以很多人都向他请教训练诀窍。谁也没有想到，成功的秘密并不在他，而是几只凶猛的狼。

因为这位教练给队员训练的是长跑，所以他一直要求队员们从家里出发时一定不要借助任何交通工具，必须自己一路跑来，作为每天训练的第一课。有一个队员每天都是最后一个到，而他的家并不是最远的，教练甚至想告诉他改行去干别的，不要在这里浪费时间了。

但是突然有一天，这个队员竟然比其他人早到了20分钟，教练知道他离家的时间，算了一下，他惊奇地发现，这个队员今天的速度几乎可以打破世界纪录。他见到这个队员的时候，这个队员正气喘吁吁地向他的队友们描述着今天的遭遇。原来，在离家不久经过一段5公里的野地时，他遇到了一匹野狼。那野狼在后面拼命地追他，他在前面拼命地跑，最后那匹野狼竟被他给甩掉了。

教练明白了，今天这个队员超常发挥是因为一匹野狼，他有了一个可怕的敌人，这个敌人使他把自己所有的潜能都发挥了出来。

从此，这个教练聘请了一个驯兽师，并找来几匹狼，每当训练的时候，便把狼放开。没过多长时间，队员们的成绩都有了大幅度的提高。

敌人的力量会让一个人发挥出巨大的潜能，创造出惊人的成绩，尤其是当敌人强大到足以威胁你的生命时，敌人就在你的身后，只要你一刻不努力，生命就会有万分的惊险和危难。

不论什么方式的竞争，也不论竞争对手是谁，竞争的具体内容怎样，总之，竞争都是为了使自己在感觉和利益上压倒对方、超越对方，在这种压倒和超越对方的竞争中得到心理上的满足，生命才会变得更有意义。

X效率理论：总有一份难以言说的“X”在发挥效力

“X效率”让鲁国取胜

鲁庄公十年的春天，势力越来越强大的齐国为了争得霸主之位，向各诸侯国展开了进攻，希望让他们臣服。鲁国作为一个小国，最早便成了待宰羔羊，迫不得已的鲁庄公不得不作出迎战决定。曹刿得知这件事后请求和庄公一起出战。在长勺交战中，由于曹刿高超的指挥才能，齐军大败，鲁军乘胜追击，一举获胜，一时声名大噪。

曹刿之所以能指挥有方，打赢一场漂亮的仗，主要靠士气。“一鼓作气，再而衰，三而竭。”他们利用第一次击鼓能振作士兵的士气，第二次击鼓时士气减弱，到第三次击鼓时士气已经消失了的原理，在敌方鸣完三鼓后才让自己的士兵出击，此时士兵士气正旺，所以以少胜多，得以全胜。

鲁国胜利的决定因素是士兵的旺盛士气。假如齐国鸣完第一鼓后，鲁庄公不听曹刿的意见，立刻命令自己弱小的兵团去跟齐国庞大的军队交战，那无异于鸡蛋碰石头。可见，士气在战争中是至关重要的。对此，美国经济学家莱宾斯坦于 1966 年提出的“X 效率理论”可作出解释。

莱宾斯坦的 X 效率理论认为，可以计量的生产要素投入并不能完全决定产量。决定产量的除了生产要素的数量外还有一个托尔斯泰所说的未知因素，即 X 因素。就军队的情况而言，这个 X 因素是士气；就企业生产而言，则为内部成员的努力程度。由资源配置最优化引起的效率称为“资源配置效率”，而由这种 X 因素引起的效率就称为“X 效率”，这两种效率同样都会使产量增加。

“X 效率”让一切成为可能

在传统微观经济学中，将企业作为基本决策单位，也就暗含着假定集体与组成集体的个人的行为是一致的。然而这种假设是难以成立的，在当代企业中，所有权与经营权是分离的。经营者从自己的利益出发，其行为在所有者看来可能会背离企业的经营目标。而且，人的利己与惰性也会导致企业内所有者与经营者、经营者与工人之间的不协调，从而出现个人行为与集体行为的差异。也正是由于这种不一致，才使得 X 因素有了发挥的空间。

在相同的宏观环境下，规模相当的两个企业在投入一样的情况下，组织清晰、权责明确且管理有效的那个企业，肯定会比结构混乱、管理不善的企业产出多得多，这种差额就是 X 效率所产生的。

由于信息的不完全性，企业成员与企业之间的契约也是不完全契约。就工资和奖金来说，如果我们无论干什么工作，干多少，只有一两千块钱的工资，那么人的积极性就会受挫，会出现“反正我干多少都是这么点工资，与其累着自己，还不如少干点”的心理，这种心理的滋生，就会使整个企业的 X 效率降低。相反，如果在某项业务上领导承诺，达到多少万的业绩可以给员工多少提成或多少奖励来刺激他们的积极性，那么作为个体的员工就会考虑自身利益最大化，从而积极投入工作，企业的效益也会增加。

可见，内部刺激不足，外部刺激减弱，甚至人际关系紧张，都会削弱个人的努力程度。如果这些因素影响了企业内部每个人的努力程度，企业就会出现X低效率的情况。在激烈的市场竞争中，每个企业若想做到“鹤立鸡群”，就必须使每个员工都创造出X效率；若想在人才济济的人事竞争中脱颖而出，就必须充分发挥自己身上所拥有的X因素，创造出更多的X效率。

对于个人来说，X因素就是除自身实力外的其他影响你发挥能力的因素。比如，一个自信的人总是离成功很近，此时的“自信”便是那个X因素；沉着冷静，往往能让你比对手抓住更多的机会，此时的“沉着冷静”也是那个X因素；百折不挠，才能创造更多的惊喜，这种“百折不挠”的精神当然也是X因素。总之，一个人身上所有的良好素养，都会成为助你成功的X因素。

无论对于个人、企业，甚至是国家，X效率的存在，使得一切皆有可能。实力虽不能决定一切，但仍然有着重要作用，如果你实力还不够强大，就更需要注意自己所拥有的那些X因素，合理地发挥出它们的效用，你同样也能创造出奇迹。

【定律链接】X低效率产生的原因

X低效率是怎么产生的呢？主要有以下几点原因：

（1）由于企业的文化氛围因素，使企业对成员的监督成本很大。

任何单位都有自己的文化氛围，小到一个家庭的和睦，大到一个学校或者一个民族的责任感和自豪感，这种文化氛围的潜移默化对组织的效率具有不明显但又重大的作用。

企业文化的核心有两个：一个是整合目标，即把个人目标整合到企业目标中；另一个是塑造共同的价值观，即让成员们有共同的价值取向和信念追求。价值观也是在变化的，例如服饰风尚的变化、人们对金钱的观点的变化等。

(2) 由于人的因素，企业难以实现成本极小化。

例如，企业内部对边角废料的利用，如果没效率，则是X低效率。

(3) 由于企业中人的因素，导致大量的本来可以利用的机会没被利用，造成X低效率。

例如，如果企业在职责分明的同时凝聚力强，员工能主动为企业争取机会、献计献策，则可以通过提高X效率来使产出逼近最大产出；如果企业人心涣散，劳资对立，大家都只管拿工资，都不关心企业发展，则必然带来X低效率。

(4) 由于组织结构的问题，使企业难以充分调动每个人的积极性。

从企业规模的发展过程看，从家族式企业、合伙式企业向职能分明的组织结构的发展充分证明了，要调动员工的积极性，企业的组织结构一定要设置合理，约束适度，有集权有分权，不然不能充分发掘内部潜力，造成X低效率。

总而言之，由于人和人行为目标的不一致，从而使得成本增加、积极性弱化等，最终导致了X低效率。

第九章　经营学法则

破窗效应：千里之堤，溃于蚁穴

从“小奸小恶”谈企业管理

环境具有强烈的暗示性和诱导性，不要轻易去打破任何一扇窗户，一旦一个缺口被打开，即使看上去微不足道，如果不及时制止，其恶劣影响就会滋生、蔓延，这就是所谓的破窗效应。

事实上，这一效应在企业管理中具有重要的借鉴意义。对待企业中随时可能发生的一些“小奸小恶”的态度，特别是对于触犯企业核心价值观念的一些“小奸小恶”的处理态度，是非常重要的。

美国有一家以极少炒员工著称的公司。

一天，资深熟手车工杰瑞为了赶在中午休息之前完成 2/3 的零件，在切割台上工作了一会儿之后，就把切割刀前的防护挡板卸下来放在一旁，没有防护挡板收取加工零件会更方便更快捷一点。大约过了一个多小时，杰瑞的举动被无意间走进车间巡视的主管逮了个正着。主管大发雷霆，除了监督杰瑞立即将防护板装上之外，还站在那里控制不住地大声训斥了半天，并声称要作废杰瑞一整天的工作量。到此，杰瑞以为结束了，没想到，第二天一上班，便有人通知杰瑞去见老板。在杰瑞受过好多次鼓励和表彰的总裁室里，杰瑞接到了要将他辞退的处罚通知。总裁说："身为老员工，你应该比任何人都明白安全对于公司意味着什么。你今天少完成几个零件，少实现利润，公司可以换个人换个时间把它们补回来，可你一旦发生事故失去健康乃至生命，那是公司永远都补偿不起的……"

离开公司那天，杰瑞流泪了，工作的几年间，杰瑞有过风光，也有过不尽如人意的地方，但公司从没有人对他说不行。可这一次不同，杰瑞知道，他这次碰到的是公司灵魂的东西。

此外，"破窗理论"还有一种比较直观的体现。在日本，有一种被称作"红牌作战"的质量管理活动：第一，清理：清楚地区分要与不要的东西，找出需要改善的事物；第二：整顿。将不要的东西贴上"红牌"。"红牌作战"的目的是，借助这一活动，让工作场所整齐清洁，塑造舒适的工作环境，久而久之，大家都遵守规则，认真工作。许多人认为，这样做太简单，芝麻小事，没什么意义。但是，一个企业产品质量是否有保障的一个重要标志，就是生产现场是否整洁。

作为一位出色的管理者，我们应当认识到破窗理论在企业中的重要作用。

对员工中发生的"小奸小恶"行为，要给予充分的重视，加重处罚力度，严肃公司法纪，这样才能防止有人效仿这种行为，积重难返。特别是对违犯公司核心理念的行为要严肃查处，绝不姑息养奸。

要鼓励、奖励"补窗"行为。不以"破窗"为理由而同流合污，反以"补窗"为善举而亡羊补牢，这体现了员工高尚的道德情操和自觉的成本意识。公司要提倡这种善举，通过表扬、奖励措施使之发扬光大。

自己要以身作则，不做"破窗"的第一人。自觉遵守公司规章制度，按程序办事，不做"旁路"程序的事。因为工作程序的制定一般都反映了对员工的约束机制，考虑了成本效益因素。违反程序，其结果往往是造成无序，破坏约束机制，增加成本，有害于公司，也有害于自己。

养成工作遵守程序的习惯，并使其成为个人的道德水平的体现。同时，不以“别人不按程序，我为什么不能”为理由放纵自己，而是坚定立场，反对违反公司规定，浪费公司资源、社会资源的行为。

危机时代，要学会“预防性管理”

美国学者菲特普曾对财富500强的高层人士进行过一次调查，高达80%的被访者认为，现代企业不可避免地要面临危机，就如人不可避免地要面临死亡，14%的人则承认自己曾面临严重危机的考验。

一般说来，企业危机是指在企业内部矛盾、企业与社会环境的矛盾激化后，企业已不能按照原来的轨道继续运行下去的紧急状态，表现为失控、失范和无序。

如今，日益激烈的竞争，充满变数的非直线性发展的外部力量的变化，彻底打破了经验主义者理想的思维方式，如果仅仅依靠并沿袭往日成功的经验来经营企业，将会在不知不觉中铸成危机。局部的、组织的甚或个人的行为，均可能演化为企业的威胁。危机一旦降临，企业可能面临的主要后果有：利润降低；市场份额减少，失去市场甚至导致破产；商业信誉被破坏，形象、声誉严重受损等。

在实际工作中，有一种叫“预防性管理”的思想，认为要想避免管理中不想要的结果出现，就要在事情发生前，采取一些具体的行动。所以，当危机即将来到时，在还未出现“破窗”现象时，我们就要首先做好预防准备。以下两点可以作为我们的参考：

第一，树立危机意识。从主观上来看，没有人希望危机出现，俗话说“天有不测风云，人有旦夕祸福”。无论是天灾还是人祸，危机都有可能发生。尽管天灾无法避免，但如有应急措施，可将损失降到最低限度或限制在最小范围；而人祸是可以避免的，关键取决于企业管理者是否重视对人祸的预防，是否有较强的危机意识。所谓树立危机意识，就是在危机发生前，对危机的普遍性有足够的认识，面对危机临危不惧，积极主动地迎战危机，充分发挥人的主动性和创造性。

第二，做好危机的预控。危机预控是在对危机进行识别、分析和评价之后，在危机产生之前，运用科学有效的理论及方法，来防止危机损失的产生、增加收益的经济活动。企业可采取回避、分散、抑制、转嫁等有效措施的有机结合，通过互相配合、互相补充，达到预防和控制危机的目的，在自我发展的同时稳定整个社会的经济秩序。

中国有句古话，“人无远虑，必有近忧”，作为企业更当如此。既然有些“破窗”不可避免，企业就应时时绷紧“破窗”这根弦。只有未雨绸缪防范“破窗”，才能修补“破窗”于旦夕之间。平时多一些“破窗”意识，多制定几套对付各种可能出现的“破窗”之策略，“破窗”来临时就会镇定从容得多，相对于没有“破窗”意识和未制定“破窗”策略的企业而言，本身就已经为自己赢得了时间差。

华盛顿合作定律：团队合作不是简单的人力相加

创建高绩效团队，让1+1>2

法国心理学黎格曼（Ringelman，1913）进行过一项实验，专门探讨团体行为对个人活动效率的影响。他要求工人尽力拉绳子，并测量拉力。参加者有时独自拉，有时以3个或8人为一组拉。结果是：个体平均拉力为63公斤；3人团体总拉力为

160 公斤，人均为 53 公斤；8 人团体总拉力为 248 公斤，人均只有 31 公斤，只是单人拉时力量的一半。黎格曼把这种个体在团体中较不卖力的现象称为“社会懈怠”。

关于黎格曼的实验结果，很多人都非常好奇，为什么人多反而影响工作效果呢？这就是“华盛顿合作定律”在现实中的一种表现。

在人与人的合作中，假定每个人的能力都为 1，那么 10 个人的合作结果有时会比 10 大得多，有时甚至比 1 还要小。因为人不是静止的动物，更像是方向各异的能量，相互推动时自然事半功倍，相互抵触时则一事无成。

那么，我们如何才能创建高绩效团队，让 1＋1＞2 呢？

一家公司招聘职员，最后要从 3 位应聘人员中选出两个。他们给出的题目是这样的：

假如你们 3 个人一起去沙漠探险，在返回的半途中，车子抛锚了。这时，你们只能选择 4 样东西随身带着。你会选什么？这些东西分别是：镜子、刀、帐篷、水、火柴、绳子、指南针。而其中帐篷只能住两个人，水也只有一瓶矿泉水。

甲男选的是：刀、帐篷、水、火柴。

面试经理问他，为什么你第一个就要选刀？

甲男说：“害人之心不可有，防人之心不可无。这帐篷只够两个人睡，水只有一瓶，万一有人为了争夺生存机会想害我呢？所以，我把刀拿到手，也就等于把所有主动权控制在了手中。”

乙女和丙男选的 4 样物品为：水、帐篷、火柴、绳子。

乙女解释说：“水是必需品，虽然只够两个人喝，但可以省着点，相信也能够 3 个人一起坚持到最后；帐篷虽然只能容纳两个人睡，但是可以 3 个人轮换着来休息；火柴也是路上必不可少的；而绳子可以用来把 3 个人绑在一起，这样在风沙很大、目不见物的时候，就不会失散了。”丙男给出的解释与乙女相同。

最后，甲男被淘汰出局。

可以看出，甲被淘汰出局，是因为他没有良好的合作意识。当今社会，靠独自蛮干获得事业进步的工作大多已不复存在了；相反，现在想要有番成就，就必须寻求同事间的互相配合。团队的收益往往意味着个人事业的发展。只有去寻求同事间的协作，发挥彼此的长处，才有利于工作的完成，更有利于个人在职场上的驰骋。

同时，就任何一家企业而言，如果出了差错或面对艰巨的任务时，员工互相扯皮、敷衍了事，往往是因为责任分配不明确。为什么3个和尚没有水喝呢？原因就是没有明确的分工，如果一人各挑一天水，天天把水挑满，或者你打柴，他扫地，另一个去挑水，其结果可能会好很多。

对企业中人力资源的管理也一样，只要分工明确，互相扯皮、推卸责任的员工也就很少，就是有，也能使大家轻易地看出谁在敷衍了事，谁在互相推诿。只有让每个人都知道自己该做什么，才能遏制“华盛顿合作定律”现象的发生。

此外，我们还要明白，聚集智慧相等的人，不一定能使工作顺利进行，往往只有分工合作，才会取得辉煌的成果。在人员调配中，必须考虑员工之间的相互配合，如此才能发挥个人的聪明才智，这也是人事管理的金科玉律。一般所说的量才适用，就是把一个人安排在最合适的位置，使他能完全发挥自己的才能。然而，更进一层地分析，每个人都有长处和短处，在分工合作时，若要取长补短，就必须全面考虑双方的优点及缺点，然后再鼓励他们，齐心协力地把事情做好。

在经济日益全球化的今天，我们不可能把自己封闭起来，任何人都需要与他人进行合作才会有更好的发展。那么如何在合作中走出华盛顿合作定律的制约，取长补短，追求整体的高效率，则是大家共同的课题。

彼得原理：晋级升迁，不是爬不完的梯子

员工在合适的位置才能发挥优势

现实的管理中，我们总能发现这样的现象：一旦员工在低一级职位上干得很好，组织就会将其提升到较高一级的职位上来，一直到将员工提升到一个他所不能胜任的职位上之后，组织才会停止对他的晋升。结果本来可以在低一级职位施展才华的人，却不得不处在一个自己所不能胜任，但是级别较高的职位上，并且要在这个职位上一直耗到退休。这种状况就是彼得原理的典型体现，这对于员工和组织双方来说，都没有好处。

晋升，作为一种鼓励、奖励的手段非常普遍。然而，一些无意或“无能”的人，由于在工作中做出了成绩，被提到了高位；所面对的却可能是他们不能胜任的工作，就像爬上了一个架错墙的梯子顶端，其中滋味只有当事人知道。

下面是彼得博士的研究资料中的一个典型的案例。

杰克在汽车维修公司是一名热忱又聪明的学徒，不久他被聘为正式的机械师。

在这个职位上他表现杰出，不但能诊断汽车的疑难杂病，还能不厌其烦地加以修复，于是他又被提升为该维修厂的领班。

然而，在担任领班之后，他原先对机械的热爱和追求完美的性格反而成为他的缺点。因为不管维修厂的业务多么忙碌，他还是会承揽任何他觉得有趣的工作。

他总是说：“我们总得把事情做好嘛！”而他一旦工作起来，干不到完全满意绝不轻易罢手。他事事干预，极少坐在他的办公室。他常常亲自动手修理拆卸下来的引擎，而让原本从事那件工作的人呆站在一旁，并且他不会给其他工人指派新的任务。结果维修厂里总是堆着做不完的工作，总是一团糟，交货时间

也经常延误。杰克完全不了解，一般顾客并不在乎车子是否修得尽善尽美，他们只希望能如期取回车子。杰克也不了解，大部分工人对薪资比对引擎的兴趣还要浓厚。

因此，杰克对他的顾客和部属都不能应付得宜。从前他是一位能干的机械师，现在却成为不胜任的领班了。

像杰克这样被提拔，许多领导者都认为是天经地义的，是对员工工作表现的一种肯定。因为大多数公司一直把工资、奖金、头衔、提拔跟员工的表现和职业阶层挂钩，所处的阶层越高，工资就越高，额外津贴就越丰厚，头衔也越大。虽然这种出发点是好的，但结果却把每个员工都引领到十分尴尬的境地。

对于一个员工来说，他的表现是否优秀，往往是相对于他的职位而言。过高的晋升，只会让他从优秀走向不优秀，甚至是艰难。

明智的领导者，一定要懂得把下属安排到一个合适的位置，安排到一个能让他们发挥出优秀水平的位置，而不是通过一味的提拔奖励，让他们最终迷失甚至颓废在无尽的晋升阶梯中。

改革机制，避开彼得原理的陷阱

彼得原理告诉我们，在任何层级组织里，每一个人都将晋升到他不能胜任的阶层。换句话说，一个人无论你有多大的聪明才智，也无论你如何努力进取，总会有一个你干不了的位置在等着你，并且你一定会达到那个位置。

例如，一个优秀的主治医生被提升为行政主任后无所作为，一位优秀的研究员被提升为研究院院长后无所事事，一位熟练的高级技工被提升为经理人员后束手无策……

这些彼得原理陷阱，主要是由企业的不恰当的激励机制和人员的晋升机制所产生的。那么，我们应该如何去避开这些陷阱呢？这就要求企业必须改革人员的晋升机制和激励机制。

1. 建立相互独立的行政岗位和技术职务岗位升迁机制

对于企业的行政人员和专业技术人员，可以按照所属岗位性质的不同，建立相应的相互独立的行政岗位和技术岗位的职务晋升机制，且相应的技术职务岗位对应相应的行政职务岗位，享有相应的薪酬和福利等等。但是，行政职务岗位不能与相应的技术职务岗位互换。

实行双轨制，让企业的行政管理人员和技术人员分别走不同的职务晋升路线。这样，既可以满足对业绩突出人员的精神激励的要求，让不同类的员工各得其所，又能够提高企业的管理水平和科研实力。

2. 加强对各类岗位的工作岗位研究

建立相互独立的行政和技术职务岗位晋升机制只能防止行政人员和技术人员由于错位晋升而陷入彼得原理陷阱，要防止同类岗位内部出现彼得原理陷阱，还必须对不同级别的各个岗位进行工作岗位研究，明确各个岗位的责任，细化各个岗位对具体的诸如管理能力、业务水平、学历等不同能力的要求，并按不同能力所占的权重予以排队。简而言之，就是“按岗设人”。

3. 建立岗位培训机制

在这个现代化的社会，技术、管理发展日新月异，新的技术、管理知识每天都在不断更新，即使昨天你是个合格的技术人员、合格的管理者，如果不加强学习的话，今天，你就有可能落伍。

如今，企业的岗位培训已经变得越发重要。国内外的知名企业，都非常重视企业的岗位培训，且大都建有自己的专门岗位培训机构，如著名的摩托罗拉大学、惠普商学院，内如海尔大学等等。

4. 实行宽带薪酬体系

所谓宽带薪酬，就是在拉大同等级的员工的薪酬的同时，缩小不同等级员工之间的薪酬差异，实行薪酬扁平化，以及按劳取酬、按效益取酬制度，改变以前企业的那种按职称、按工作岗位拿工资的现状。如果某一个基层工作人员干得好，他可以拿到甚至是在职称或者是职务上高他几个等级的员工的薪酬；相反，如果某一个高层员工干得不好的话，他甚至有可能拿到全企业的最低工资。

设立薪酬体系的好处是显而易见的，它可以激励各个层次的员工全身心地投入到自己的本员工作中去，实现“在其位，谋其政”，要不然的话，可能自己月底的收入就会很可怜。

通过这一方式，可以在各个层次的工作岗位中留住有事业心的合格的人才。

【定律链接】神奇的彼得治疗法

如果你仔细审视世界，会发现很多东西都是成对出现的，如好与坏、左与右、对与错等等。事实上，虽然彼得原理无处不在，但庆幸的是，彼得也给我们献出了他的彼得治疗法：

1. 彼得宽慰法

就层级组织学的观点而言，宽慰法是应用中立的法则，借以抑制到达不胜任阶层所导致的不良后果。彼得宽慰法的做法是以意念代替行动，即要从内心认同 1 盎司的意念值 1 磅的行动。

现在，让我们看看彼德宽慰法如何应用于更广的范围：不胜任的员工以高谈工作的神圣来取代努力争取晋升；不胜任的教育人员放弃正常教学，而一味赞扬教育的价值；不胜任的画家会促进所谓的艺术鉴赏；不胜任的太空人会撰写科幻小说；而性无能的男人则把精力花在创作情诗上。

所有这些彼德宽慰法的实行者也许没有多大贡献，但至少他们也没有造成任何伤害。同时，他们也不会干扰各行各业胜任者的正常活动。总之，彼德宽慰法可以防止职业性的瘫痪。

2. 彼得舒缓法

尽管人类还没全部到达整体生存不胜任的程度，但如前所述，确实有许多人已到达不能胜任的阶层，并迅速和这个与时俱进的世界拉开了距离。

一些舒缓的方法使他们能活得更快乐、更舒服一些。例如，员工可以用其他的工作取代本身职务上应做的工作，并将它做得十分圆满。这种替代技巧，使得员工置身于他所谓的“快乐大家庭”里。

3. 彼得预防法

根据层级组织学的观点，所谓预防是在晋升极限并发症出现前或层级组织退化尚未开始前，应先采取预防的措施。

我们不妨考虑应用“创造性的不胜任”来解决人类生存不胜任的大问题。在生命旅途中，我们用不着放弃晋升，但是我们可以审慎创造一些不相干的不胜任，从而防止我们获得某种不适宜的晋升。

4. 彼得药方

彼得药方的真正疗效就是人们积蓄许多的时间、创造力以及工作热忱，将其运用于有建设性的工作上。

例如，我们可以在大都市发展安全、舒适、高效率的快捷系统，我们可以开发不会污染空气的电能（例如发电厂可利用无烟燃烧器来燃烧垃圾并产生电能）。这样，我们便能促进人体健康、美化环境，并使美丽的风景区有更好的景观。我们也可以提高汽车的质量和安全性，并使高速公路、一般公路、街道等的景观更美，于是，人们在旅行时便能像以前一样安全、快乐。

为数量而追求数量无法使人类获得最大的满足，人们只有通过改善生活质量才能得到真正的满足。

帕金森定律：组织机构的死敌

组织机构也会患上帕金森症

众所周知，医学界有一种病叫帕金森，病人的主要症状表现为四肢颤动、肌肉僵直和身体运动的迟缓。其实，一个组织机构，如果领导不善，也会患上帕金森症，从而导致机构臃肿、人浮于事。

一个不称职的领导者，可能有3条出路：

一是申请退职，把位子让给能干的人；

二是让一位能干的人来协助自己工作；

三是聘用两个水平比自己更低的人当助手。

第一条路是万万走不得的，因为那样会丧失许多权力；第二条路也不能走，因为那个能干的人会成为自己的对手；看来只有第三条路可以走了。

于是，两个平庸的助手分担了他的工作，减轻了他的负担。由于助手的平庸，不会对他的权力构成威胁，所以这名领导者从此也就可以高枕无忧了。

两个助手既然无能，他们只能上行下效，再为自己找两个更加无能的助手。

如此类推，就形成了一个机构臃肿、人浮于事、相互扯皮、效率低下的领导体系。

这就是英国历史学家帕金森在其《官场病》（又名《帕金森定律》）中所提出的帕金森定律。

在《帕金森定律》一书中，帕金森还总结了组织机构的可怕顽症：

1. 工作越少，下属越多

有一则寓言，如需要一个人判断航空照片，长官往往命令一个二等兵去担任这份工作。两天后，他开始抱怨了，说照片是那么多，他需要两名助手协助；而且为了对助手有指挥权，他自己应该升为一等兵。他的长官非常体谅人，答应了他的要求。之后不久，他的下属依样学样也需要助手。于是，在3年内，他拥有了一个85人的小组，而且自己也步步高升，成为中校。然而，他自己从来就没有判断过一张航空照片，因为他忙于搞行政事务去了。

2. 姗姗来迟，匆匆离去

鸡尾酒会是现代任何会议所不能缺少的一个玩意儿。帕金森定律告诉你如何识辨酒会上的重要人物。这些人总是在他们认为对自己最有利的时间才姗姗入场。他们不愿意在人不多的时候入场，也不愿意在其他要人离开后入场。此外，在一个酒会上，要人们会不约而同地走到某一个部位集合，主要的目的是让大家看到自己也出席了。这个目的达到后，这些要人就会争先恐后地溜之大吉。

3. 三流上司，四流下属

在任何一个地方，我们都会发现这样的一种机构：高层人员感到无聊乏味，中层人员忙于勾心斗角，低层人员则觉得灰心丧气和没有动力。他们都懒得主动办事，所以毫无绩效可言。在仔细考虑这种可悲的情景后，他们在潜意识里抱着“永远保持第三流”的座右铭。

例如，“我们太过努力是错误的，我们不能与高层比，我们在基层做有意义的工作，配合国家的需要，我们应该问心无愧”。或者“我们不自吹是第一流的。有些人真是无聊，喜欢争强好胜，喜欢自夸他们的工作表现，好像他们是领导一样”。

这些看法说明了什么呢？他们在潜意识里只求低水准，甚至更低的水准也未尝不可。从第二流主管发给第三流职员的指示，只要求最低的目标。他们不要求较高的水准，因为一个有效的组织不是这种主管的能力所能控制的。如此一来，他们构建了一个三流上司、四流下属的组织。

解决帕金森定律症结：公平、公正、公开

不难看出，是权力的危机感产生了可怕的机构人员膨胀的帕金森现象。正如恩格斯所言："自从阶级社会产生以来，人的恶劣的情欲、贪欲和权欲就成为历史发展的杠杆。"

人作为社会性和动物性的复合体，因利而为，是很正常的行为。假设他的既有利益受到威胁，那么本能会告诉他，一定不能丧失这个既得利益。一个既得权力的拥有者，假如存在着权力危机，便不会轻易让出自己的权力，也不会轻易地给自己树立一个对手。因此，他会选择两个不如自己的人作为助手，这种行为，无可厚非。

帕金森在书中举过这样一个例子：

假设有一个私营企业主，公司的产权全部属于企业主所有。随着企业规模的不断扩大，企业主在管理上感到力不从心了，他需要有人来协助他。于是企业主在各种媒体上刊登了征聘广告，应征的人络绎不绝。假设其中有一个非常优秀的人才，这个私营企业主会不会聘任他呢？

这个老板可能会想：公司的土地是我的，所有产权都是我的，这就意味着这个人来我这里是"无产阶级"，他纯粹是为我打工，干得好我可以继续留他，给他很高的待遇，干得不好我可以辞退他，无论他如何出色和卖力地工作，他都不可能坐我的位置，老板永远是我。

一番盘算以后，这个高智商、高素质、高能力的人才就被留下来，老板对之大胆使用，可以说是完全不受帕金森定律的影响。这是一个拥有绝对权力的人的做法。接着，这个企业继续发展，业务范围扩大了，新的问题层出不穷，当初的优秀人才现在也有些力不从心，也需要助手协助他。于是他也在各种媒体上刊登征聘广告，同样会有各种人才络绎不绝地涌来。

假设最后要在两个人中选择：一个是某名牌大学的公共管理专业刚刚毕业的研究生，写了很多的文章，理论功底极为深厚，实践经验却非常匮乏；另一个人则颇有实干家的手腕和魄力，拥有先进的管理观念和操作经验。老板拿不定主意，叫他选择，这时候他就盘算开了，最后，他多半会选择那个刚出校门的研究生——因为这让他感到安全。

由此可见，要想解决“帕金森定律”的症结，就必须要建造一个公平、公正、公开的用人机制，不受人为因素的干扰，不要将用人权放在一个被招聘者的直接上司手里。同时，实现这一用人机制，需要遵循三条原则：一是公平竞争，任人唯贤；二是职适其能，人尽其才；三是合理流动，动态管理。

【定律链接】帕金森定律发生作用的条件

众所周知，所谓定律，都是对事物发展的客观规律的阐释，而规律总是在一定条件下起作用的。

那么，“帕金森定律”发生作用的条件有哪些呢？

第一，必须要有一个团体，这个团体必须有其内部运作的活动方式，其中管理占据一定的位置。这样的团体很多，大的包括各种行政部门，小的可能只有一个老板和一个雇员。

第二，寻找助手的领导者本身不具有权力的垄断性，对他而言，权力可能会因为做错某事或者其他的原因而轻易丧失。

第三，这位“领导者”对他的工作来说是不称职的，如果称职就不必寻找助手。

这三个条件缺一不可，缺少任何一项，就意味着“帕金森定律”会失灵。

可见，只有在一个权力非垄断的二流领导管理的团体中，“帕金森定律”才起作用。

在一个没有管理职能的团体——比如兴趣小组之类，就不存在“帕金森定律”描述的可怕顽症；一个拥有绝对权力的人，他不害怕别人攫取权力，也不会去找比他还平庸的人做助手；一个能够胜任自己工作的人，也没有必要找一个助手。

酒与污水定律：莫让“害群之马”影响团队发展

不容忽视的“害群之马”

一次管理培训课堂上，当着所有学员的面，讲师把一匙酒倒进一桶污水中。然后问大家：“这桶水如何?”大家异口同声地答道：“这是污水。”接着，讲师又把一匙污水倒进一桶酒中，问大家：“这桶水如何?”大家毫不犹豫地回答说：“这仍然是一桶污水。”

这就是著名的酒与污水定律。它告诉我们，一个正直能干的人进入一个混乱的部门可能会被吞没，而一个无德无才者能很快将一个高效的部门变成一盘散沙。组织系统往往是脆弱的，是建立在相互理解、妥协和容忍的基础上的，它很容易被侵害、被毒化。破坏者能力非凡的另一个重要原因在于，破坏总比建设容易。

在金融危机期间，一家香港公司为了节省资源，选定了一个时间安排所有工人到内地工厂上班。公司规定，每天早上8:30全体员工统一在罗湖关口集合，然后大家一起乘车去内地工厂。

起初，大家都很准时，按照规定时间集合、乘车、上班。但有一天，公司加入了一位新员工，他的时间观念很弱，几乎每天都不能按时到罗湖关口的集合地点，领导一问他，不是说过关人多，就是说下雨堵车，每次都有诸多借口。领导考虑他是新员工，每次都只是随口警告两句，并没有实质性的惩罚。

大家都共睹了那个习惯迟到的员工并没有受到公司的什么惩罚，于是，有些平日从没有迟到过的工人也慢慢加入了迟到的行列。

结果，公司的业绩不断下滑，最终被淹没在疯狂的金融风暴里。

与之类似，几乎在任何组织里，都存在几个难以管理的人物，他们存在的目的似乎就是为了把事情搞糟。他们到处搬弄是非，传播流言，破坏组织内部的和谐。最糟糕的是，他们像果箱里的烂苹果，如果你不及时处理，它会迅速传染，把果箱里其他苹果也弄烂，“烂苹果”的可怕之处在于它那惊人的破坏力。

客观而言，企业就是个人的集合体，企业的整体效率取决于其内部每个人的行为，这就要求这个集合体内的每个人都能发挥最大效能，以保持团队的整体步调一致，动作协调。只有这样，才能顺利扬起企业的奋进之帆。

唐代李益有首《百马饮一泉》的诗，讲了一个小故事：有一百匹马都在泉边喝水，其中一匹马偏要跑到上游或泉水源头喝水，而且它不是在岸边喝，而是下到了水里搅和。于是，在下游的其他马只能喝浑浊的水。这样的马，也就是我们常说“害群之马”，与前面所讲的组织中的“污水”是一个道理。

正如一个能工巧匠花费时日精心制作的陶瓷器，一头驴子一秒钟就能把它毁坏掉。长此以往，即使拥有再多的能工巧匠，也不会有多少像样的工作成果。延伸到一个组织里，一旦存在这样一头具有破坏性的驴子，即使拥有再多的专家良才，也不会出多少非凡业绩。

所以，对于一个领导者来说，想要让团队得以生存，并不断良性发展下去，千万不可小觑或忽视那些蕴藏着无尽危害性的“害群之马”。

及时解雇，对付害群之马的不二之选

虽然我们都知道害群之马对一个组织的危害性极大，破坏组织内部的和谐，阻止企业的发展。然而，在现实中，组织往往又不可避免地出现一些害群之马。

既然如此，那我们该如何应对这些总是出现的害群之马呢?

大卫·阿姆斯壮是阿姆斯壮国际公司的副总裁，他讲述了发生在自己身边的一个小故事：

偶尔，我们会听到一个绝妙的形容或比喻让人心头一震。当我听到“恶性痴呆肿瘤”这个词的时候，我就有这种感觉。下面我来解释一下这一个词是怎么来的，代表什么意义。

当时我正在“讨厌鬼营”倾听某汽车公司一位女士谈论，为什么善待员工不仅是公司的义务，也是重要的生意经。

“我们必须关掉一间工厂，在关掉前60天我们通知了员工这项决定。”她说，“结果我们发现，最后1个月的生产率反而提高了。这说明如果公司善待员工，员工就会回馈。”

康乃狄克某杂货商的小史都先生自听众席上提出一个问题：“在公司经历快速成长的时候，怎样才能做到既善待员工又兼顾公司的经营作风呢?”

“你做不到。”这位女士回答，“你不可能一下子找来50个员工，把公司的作风教给他们，然后期望他们个个都会安分守己。没有人能做到这一点。50人当中，总会有四五个害群之马，而且这几个害群之马会带坏其他人。”

这时，苹果电脑的查克马上站起来表示：“我们称这种人为‘恶性痴呆肿瘤’。在苹果电脑，我们用‘恶性痴呆肿瘤’来形容害群之马。因为他们就像癌细胞一样会扩散。最好的解决办法就是把这些肿瘤割除，以免他们的不良行径贻害他人。”

要知道，对于组织中“恶性痴呆肿瘤”式的害群之马，必须及时切除，否则“肿瘤”一旦扩散，整个组织都会受到严重影响，甚至垮掉。

或许你认为，对任何公司和老板来说，开除或解雇员工，总是一件令人不快的事，因为这或多或少地反映了公司存在着某些缺陷或不足之处。但是，如果解雇的是一个存在一天就会对公司为害无穷的“捣乱分子”，就应该当机立断，否则一旦他阴谋得逞，公司将后患无穷，也只有这样，你才能彻底排除纵容下属、姑息养奸的可能。

黄帝时，大隗是一个很有治国才能的人，黄帝听说后就带领着方明、昌寓、张若等6人前去拜访。不料，7个人在途中迷了路，见旁边有一位牧马童子，就问他知不知道具茨山在哪里，牧童说：“知道。”又问他知不知道有一个叫大隗的人，牧童又说：“知道。”还把大隗的情况都告诉了他们。黄帝见这牧童年纪虽小却出语不凡，又问：“你懂得治理天下的道理吗?”牧童说：“治理天下跟我牧马的道理一样，唯去其害马者而已!”

黄帝出访归来，晚上梦见一人手执千钧之弩，驱赶上万只羊放牧。黄帝突然醒悟到那个牧童应该就是一位难得的人才，于是就回去找牧童，培养后授其官位，使之辅佐治国。

司马迁曾说：“黄帝举风后、力牧、常先、大鸿以治民。”其中的力牧，就是那位懂得去除害群之马的牧童。

可见，古往今来，任何一位称职的、杰出的领导，都懂得如何对付手下的害群之马，即及时解雇。

雷尼尔效应：用“心”留人，胜过用“薪”留人

温情，留住员工的强大力量

位于美国西雅图的华盛顿大学计划在校园的华盛顿湖畔修建一座体育馆，但引起了教授们的强烈反对。因为体育馆在那里一旦建成，恰好挡住了从教员工餐厅窗户可以欣赏到的美丽湖光。与当时美国的平均工资水平相比，华盛顿大学教授们的

工资要低20%左右。而他们在没有流动障碍的前提下自愿接受这么低的工资，完全是出于留恋那里的湖光山色：西雅图位于太平洋沿岸，华盛顿湖等大小水域星罗棋布，晴天时可看到美洲最高的雪山之一——雷尼尔山峰。他们为了美好的景色而牺牲获得更高收入的机会，这被华盛顿大学经济系的教授们戏称为“雷尼尔效应”。

通过前面的例子我们发现，华盛顿大学教授的工资，80%是以货币形式支付，20%是由良好的自然环境补偿的。如果因为修建体育馆而破坏了这种景观，就意味着工资降低了20%，教授们很容易流向其他大学。可见，知道员工的真正需求，才能留住人才，这就是著名的雷尼尔效应。

当今，企业的竞争主要是人才的竞争。企业是否能够吸引和留住人才，成为一个企业成败的关键。美丽的西雅图风光可以留住华盛顿大学的教授们，同样的道理，企业也可以用温情来吸引和留住人才。

《亚洲华尔街日报》《远东经济评论》曾联手对亚洲10个国家和地区的355家公司进行了调研，涉及26种产品、9.2万名员工，最终评选出前20名最出色的雇主。根据这项调查，员工心目中的“好公司”与公司资产规模、股价高低并没有直接的联系，虽说入选的20家上榜公司各有各的绝招，但它们都具备一个共同特征——带着浓浓的人情味。

小何大学毕业后到一家大型企业工作。工作前3年，公司效益非常好，每个月小何总会有一笔不菲的工资和奖金。在外人眼里，这一切已经很不错了，他也很知足。然而，由于他和一起共事的同事大都是大学刚毕业的年轻人，随着时间的推移，按部就班的工作节奏使他们变得懒散，总觉得工作缺少激情。所以，他们都想跳槽换个环境。

不料，就在他们决定跳槽的时候，公司由于在一个重大项目上的决策失误，损失惨重，多年来公司创造的辉煌一夜之间化为乌有，面临破产的困境。平时公司的经理带领他们创业，对这些年轻人也格外照顾。在公司处于困境的时候选择跳槽，他们很是过意不去，但是长期在公司待下去不会有太大的发展前途。权衡再三，他们还是决定离开，另谋高就。就这样，几个年轻人写好了辞职报告，准备去找经理谈话。

盛夏时节酷暑难耐，为了节约用电，公司老总把自己办公室空调的温度从23℃提高到24℃。为此，经理特意在门口贴了一张小纸条："关键时刻，让我们从点滴做起。尽管公司处于困境，但困难只是暂时的，如同乌云遮不住太阳。为了节省1度的电量，你们进入我的办公室时，可以随便减去一件衣服。"

在这个以严格的等级制度管人的公司，没有人可以在进入经理办公室之前随随便便脱去西装。尽管经理贴出了小纸条，可是没有人在进入他的办公室之前减衣服。时间长了，经理发现了这一点，立即从自己做起，自己先减去一件衣服，穿着随便些，让来汇报工作的员工放松心情，自然一些。那天他们走到经理办公室，看到小纸条，没敢脱衣服，但心微微地震动一下。走进办公室，他们发现经理穿着很随便，而且他们观察到经理室的空调温度比往常高了1℃。经理让他们脱去外套，有什么想法慢慢汇报。先前想好的理由顷刻间化为乌有，最后他们都红着脸退了出去。

此后，他们的心长久地被那1℃温暖着，尽管那1℃对一个员工上千的企业算不了什么，但是他们从那微不足道的1℃中看出了一种温暖、一种精神。几个月过去了，始终没有人提辞职的事情。后来那家公司走出了困境，企业的发展蒸蒸日上。有人说企业的成功与1℃有关。

很难相信，一个企业的兴衰与小小的1℃息息相关，但那是最温情的1℃。正是这微小的1℃孕育了一种强大的力量，唤醒了埋在人性深处的一种温情，将个体的命运与集体的命运紧紧地连在一起，形成一种温情的团队精神，战胜了看似很大的困难。

为人处世，一个人需要这样的1℃；营生立业，一个企业更需要这样的1℃。这种温情，正是企业得以留住员工的“西雅图风光”。

人性管理，收获人心

“雷尼尔效应”对企业吸引和留住人才具有重要的借鉴意义：只有展示出你的人情味，才能做到人心所向，才能真正地留住员工的心。换而言之，人情味乃是吸引和留住人才的重要原因。

当你能很人性化地对待员工时，他们获得的激励感受是物质奖励远远不能达到的。同时，你也会发现，越是在一个看似严峻复杂的时刻，一句最朴实的实话越可能带来出乎意料的好效果。

美国四大连锁店之一的华尔连锁店将其成功的秘诀概括成一句话，那就是：“我们关怀我们的员工。”

在深圳一家企业里，精明能干的老板总会询问员工有无工作上的困难，为员工送上温暖、关怀的话语，休息时间叫来下午茶，和大家一起讨论《第五项修炼》《追求卓越》中的经典章节。逢周末，老板还会请大家参加一些健身、娱乐活动，尽量放松工作中紧张的情绪。

人是企业中最珍贵的资源，也是最不稳定的资源。当他们心情不好、对领导不满意、对同事不顺眼、对薪酬不满、对政策怀疑、对制度反感、生活上存在问题和困难时，就会意志消沉或心不在焉，直接影响到企业目标的实现。当你真心、真情地关怀员工，把爱心注入与员工的沟通中，你就会发现，员工会把劳动作为享受自己幸福生活的手段之一，把企业作为实现幸福生活的场所。

人情化管理其实也是公司激励员工的方式之一。说到激励，首先是要鼓励员工参与企业的管理。美国有个州的农业保险公司以善于留住人才而著称。他们用一个简单的方法来实现员工认同的“个性化奖励”。经理人员要求每个员工完成一份自己的“喜好列单”—列举他们喜欢做的事和喜欢的东西，比如最爱吃的冰淇淋、颜色、花、电影明星、饭店、度假区、业余爱好、娱乐等。当经理人员想要奖励有优秀表现的员工时，查阅一下他的“喜好列单”，就可以马上“量身定做”这个员工的奖励。

人不仅仅是“经济人”，还是“社会人”，人通过组织获得的力量必然大于人本身的力量，员工对组织的参与越深，就越能认同组织理念和文化，就越能体现员工在组织中的存在价值，从而达到个人目标服从组织目标的目的。

总之，企业的发展靠的是人才。对企业管理者而言，不要吝啬向员工展示你的真诚、关爱和私人交情。

【定律链接】以诚动人，赢得人才

克·雷诺是美国硅谷一家小型软件公司的老板，很有远见卓识。他在激烈的竞争中认识到，提高企业的后劲在于人才，企业无法估量的资本是人才，知识可以称为企业的无形财富。身处当今瞬息万变的信息时代，应用最新的科学才能创造更多的财富，因此对人才和知识的渴求显得尤为迫切。“对于中小企业来说，重要的职位必须争取最棒的人才。”雷诺深有体会地说，“重要职位所提供的既是难得的机会，也是够刺激的挑战。如果企业随便找人，就等于帮了竞争对手一个大忙。”

有一次，雷诺看中了一个人，想聘请他担任业务主管。不料一次又一次的人情攻势都无法奏效，甚至托了许多重要人物出面也起不到作用。对方不耐烦地说：“先生，全世界大概只有您妈妈还没有给我打电话了。”没想到第二天，雷诺真的让自己远在以色列的犹太母亲打了电话过来。老太太动情地说：“放心好了，我的雷诺可是一个好人，您一定会愿意同他共事的。”对方这一次果然没有招架住，“投诚”来到了雷诺的公司。

不久以后，雷诺又物色到一个可以担任他公司财务主任这个关键职位的人选。然而那个人在一家大公司任要职，待遇优厚，根本不把雷诺的小公司放在眼里。雷诺并没有泄气，在打听到对方的鞋子尺码后，买了一双“耐克”牌运动鞋摆在那个人的家门口，旁边所留的纸条上写着“just do it”（“放手去干”）这句著名的“耐克”广告语，对方终于被打动，跳槽过来了。

真诚是人格魅力的基础，没有真诚，就不会赢得友谊和真情。真诚的价值在于可以置换，当你为别人付出一份真诚时，你会收获别人的回报。聪明的领导者善于把真诚作为最大的武器，为自己赢得人才。

第十章　两性关系的秘密

吸引力法则：指引丘比特之箭的神奇力量

人海茫茫，偏偏喜欢相似的“你”

电影《秘密》在全球的广泛关注下，造就了同名书籍《秘密》的诞生及热销。《秘密》一书出版没多久，便横扫美国、澳大利亚、加拿大、英国等多个国家的各大图书市场，如今，它在中国图书市场也是赫赫有名。《秘密》为何会如此吸引人呢？究竟是什么秘密在里面？答案就是，它揭示了神奇的“吸引力法则”！

如果有人问你：“为何选择现在的她/他作为你的另一半？”“你喜欢的人通常要具有哪些特征？是漂亮，是帅气，是聪明，还是有钱？”想必你很难说出具体的答案，但却能肯定地回答“大家在一起很合得来。”

这是为什么呢？心理学研究表明：我们通常喜欢的人，是那些也喜欢我们、跟我们合得来的人。也就是说，你的另一半不一定很漂亮，或很帅气，或很聪明，或很有钱，但他一定是很喜欢你，你也很喜欢他，你们彼此合得来，也就是我们前面说的吸引力法则。

也许你会问，“我们为什么偏偏喜欢那些喜欢我们、跟我们合得来的人呢？”这是因为，喜欢你的人能使你体验到愉快的情绪。一想起他/她，就会想起和他/她交往时所拥有的快乐，一看到他/她，你自然就有了好心情。你们双方比较有默契，或者叫很有“灵犀”。而且，因为他喜欢你，对你自然持肯定、赏识的态度，从而使你受尊重的需要得到满足。正所谓：“什么是好人？——对我好的就是好人。”

看过电视剧《一帘幽梦》和《又见一帘幽梦》的朋友，想必都对紫菱与楚濂、费云帆之间的爱情纠葛印象极其深刻。那我们就以这个例子，看看爱情中的吸引力法则。

先说紫菱与楚濂。在紫菱不知道楚濂喜欢自己的时候，始终不敢暴露自己对楚濂的好感；当楚濂向她表白心意的时候，她的爱意自然如水倾泻。两人互相喜欢，互相吸引，以至于即使有绿萍横于其间时，仍旧彼此牵挂。不过，可惜的是，他们受到太多外界因素的影响，最终未能走进婚姻的殿堂，永结同心。

尽管与楚濂分开令紫菱痛苦不堪，但这也给了紫菱一个新的爱情发展机会——费云帆。很多人好奇，紫菱那么爱楚濂，为何还会接受费云帆呢？其实，这还是要到吸引力法则上来找答案。在紫菱最痛苦的时候，费云帆用他无微不至的体贴、精心的呵护、超级的罗曼蒂克，深深地感染着紫菱，使紫菱不知不觉也陷入了对费云帆的喜欢之中。既然与楚濂不可能复合，嫁给如此喜欢自己的费云帆也许是最好的选择。紫菱的选择不仅符合常理，也很符合人的心理。在感情上，双方的喜欢一旦建立，久而久之，很容易巩固并发展。这也是为何绿萍与楚濂离婚后，紫菱仍选择留在费云帆的身边，因为，他们已经从喜欢升华到了彼此相爱。

心理学还认为，当人们发现一个人非常喜欢自己时，不管对方客观情况是怎样，是否具有让自己喜欢的特点，往往会无条件地喜欢上对方。人们大概是想象，既然对方喜欢自己，那他/她一定是在某些方面和自己相似，认可自己的为人和某些特点，那么，自己又有什么理由不同样喜欢对方呢？

要知道，实际生活中，几乎没有人是完全自信的，因此，大多数人都特别需要别人对自己的肯定。这样一来，那些喜欢我们的人，通过对我们的肯定、追求等，便为我们喜欢他们打下了良好的基础，最后步入双方互相喜欢的状态也算是水到渠成。

“关注”并“吸引”，将爱情进行到底

关于吸引力法则，它另一个层面上的含义就是：你关注什么，就会吸引什么，什么就会靠近你。所以，想获得真诚、永久的爱情，想将自己的爱情进行到底，一定要时刻对你的爱情抱有希望。

通常，实现这种积极的关注和希望，可以通过 6 个方面进行：

第一，明确你想要的爱情是什么。在你设想甜蜜的情侣关系或美满的夫妻关系之前，你应当知道这对你意味着什么。不要错误地定义你理想的对象是多么特别的人，而忽略了自己所渴望的生活的真实本质。进一步明确你想要的，是感受、情感还是体验？然后，画出那张“脸”。

第二，用你希望的被爱方式来爱自己，为自己说些自己喜欢的话，做些自己向往的美好的事情。要知道，当你善待自己的时候，别人往往会用同样的方式善待你。

第三，用你希望被爱的方式去爱别人。要想为你渴望的爱情关系打下一个坚实的基础，就要用你喜欢被爱的方式去爱别人。因为人与人之间是相互的，吸引也是相互的，你渴望得到爱，就要学会付出你的爱。这是获得美满爱情的另一个有效办法。

第四，如果你对当前的爱情不满意，审视一下自己，是不是经常空谈自己的伴侣？有可能你无意识地就将自己的伴侣限定了，总是想着他从前是什么样子，而没有为他可能改变的形

象留有思维空间。如果是这样，快回到现实中来吧！

第五，敞开你心扉，放开你的思想。随时触摸你内在的想法，包括你的情感、内在的感受和直觉，并尊重它的指引，正如歌中所唱“跟着感觉走，让它带着我，心情就像风一样自由……”

第六，放弃没有意义的事物。为了迎接你美好的期望，如一段浪漫的爱情，天长地久的婚姻，等等。你一定要抛开使你情绪低落的事物，把所有让你感觉不好的事物统统抛弃。这样，你才能“腾出空间”，让生活为你带来一些更好的事物。

事实上，人海茫茫，两个人真正走到一起，并能一直携手走到人生的尽头，除了保持彼此在生活、感情上的积极期望外，还要注意保持自身的吸引力，或者提升自身的吸引力。

任何时候，微笑都是保持吸引力的良方。无论在婚前，还是在婚后，你的微笑往往胜过千言万语，总会让对方心情愉悦。

还有，在对方需要的时候，你要学会倾听。无论他是烦闷，还是极其高兴，听听他的心里话，这样利于你们能有更深层次的共识。

此外，最好不要在对方面前提你的旧情人，因为那样很容易会伤到你现在的另一半。

互补定律：各有所长，互相吸引

充满“差异”的爱情吸引

走在大街上，我们常看到这样的景象：亭亭玉立的美女，总是挽着一个长相普通的男人；潇洒有型的帅哥，往往搂着一个其貌不扬的女人。为什么会有这样奇怪而又普遍的组合？是美的那方喜欢被丑的那方衬托的感觉，还是丑的那方喜欢做陪衬的感觉，或者是他们因为自己的另一半是个美人或帅哥而感到自豪，会更加珍惜？其实，这就是心理上互补定律的表现。

除了上面的现象，生活中还有很多基于互补关系缔结的婚姻。比如，一个支配型的男人娶了一个依赖型的女人做妻子，一个泼辣型女人嫁给一个沉默型男人等等。

其实，在爱情上，双方因差异而互补，因互补而结合，并不足为奇。因为，男女本身就是互补的。男人阳刚，可以给女人安全感；女人阴柔，能激起男人的保护欲。曾有一项针对25对结婚多年的夫妻进行的追踪调查研究表明：夫妻间需求的相互补充是婚姻关系得以维持长久的基础。

也许你会问，这不是和前面讲的相似定律相矛盾了吗？事实上，它们并不矛盾，因为差异并不一定都能形成互补，互补性的前提是，交往双方都得到满足，否则，双方相反的特性不但不能够产生互补，甚至还可能产生厌恶和排斥。例如，高雅和庸俗、庄重和轻浮、真诚和虚伪等等，这些就只能造成“道不同不相为谋”的局面。

马婷是个温文尔雅的女人，丈夫是个幽默开朗的男人。两人经人介绍认识后，相处了一年多，觉得彼此正好可以弥补对方性格上的空白，他们开心地步入了婚姻殿堂。

婚后，在激情燃烧之后，一些以前恋爱的时候不以为然的小问题出现了，并且成为他们之间的分歧。丈夫喜欢热闹，爱运动；马婷喜欢安静，爱写作。他们之间似乎少了一份共同的爱好，而且越来越觉得在一起时不知道该说些什么、做些什么。

这不由得让马婷经常难过，感到婚姻的失败，丈夫也觉察了她的不满。于是，他们决定坐下来好好沟通一下。最终，他们达成一致，要好好地过下去，因为彼此都深爱着对方。

他们开始尊重彼此的爱好。尽管刚开始因彼此的爱好和涉足领域不同，感觉没有什么话题，两人在一起除了吃饭，就是看电视，感觉很冷清。但渐渐地，他们开始一起散步，边走边聊各自感兴趣的东西和事情。

久而久之，马婷发现，自己以前十分讨厌体育运动，但现在丈夫常给她讲一些体育明星的趣事，也会让她捧腹不已；而丈夫，不时听马婷讲述自己新的创意和构思，也常常被那些情节吸引。

就这样，他们觉得彼此的生活越来越丰富了，彼此既能满足和享受自己的那份爱好，又能感知了解对方的另一片天地。

现实生活中，像马婷与丈夫这样，既独立又互补的婚姻较为常见，正如人们常说的："该相似的地方相似，该互补的地方互补。"

通常，互补可分为两种情况。一种是：交往中的一方能满足另一方的某种需要，或者弥补某种短处，那么前者就会对后者产生吸引力。比如，依赖性特别强的人愿意和独立的人在一起生活等。另一种是：因为别人的某一特点满足了你的理想，而增加了你对他的喜欢程度。比如，一个看重学历的人，自己又没有拿高学历的机会，往往希望对方能拿到高学历等。

因为我们每个人都与生俱来地具有一些缺点，所以为了弥补自己的不足，我们在寻求生活伴侣的时候，往往注意寻找能弥补自己缺点的人，从而实现所谓的"强强联合"。

理性"互补"，让"不合"变"和谐"

如今，不少人把分手和离婚的理由归结为"性格不合"。其实，就像马婷夫妻一样，所谓的"性格不合"的分道扬镳完全可以巧妙地转化为配合默契的"互补式爱情（婚姻)"。

当所谓的"不合"出现后，双方彼此经过沟通和努力，发现了对方身上更多吸引自己的地方，并自愿地改变和提升自身某些习惯及行为，最终双方就可以因"互补"而感到爱情或婚姻的幸福，达到和谐。

在现实世界里，爱情和婚姻出现双方某些方面的不合，肯定是在所难免的。因为每个人的性格特征、爱好兴趣等都不尽相同，都有各自的独立性。那么，我们如何将彼此间不和谐的因素变成互补的关系呢?

第一，也是最重要的一点，我们要对自己的性格和对方的性格都有正确的认识，并能够尊重彼此的性格。性格是人对事物所表现的经常的、比较稳定的理智和情绪倾向，并无优劣之分。不同于品德，不同的性格各有不同的长处和短处。例如，外向的人开朗，但做事很容易急躁；内向的人沉稳，但做事往往没有魄力。

第二，在相处的日子里，彼此要懂得扬长避短，异质互补。夫妻也好，情侣也好，双方之间的经历、兴趣和脾气不同，即所谓的“异质”，这些是可以互补的。但是，人的性格就很难改变了，正所谓“江山易改，本性难移”，所以双方应该注意逐渐改善自己的不足之处，而不是千方百计地去改造对方。要学着互相尊重，互相帮助，这样，双方才会和谐、美满，实现“优势互补”。

第三，平时双方一定要多沟通，多交流。当你们之间出现争吵或分歧时，不要一味火爆地去想对方的不足，用各种言语去喋喋不休地指责对方，要看看自己是否也想到了对方的需求。像马婷夫妇那样，把各自的内心摆出来，使彼此之间更加了解，更加和谐。

很多人认为，谈恋爱时，彼此的优点是对方非常欣赏的，彼此的缺点是对方可以包容的；结婚久了，彼此的优点是对方不屑一顾的，彼此的缺点是对方无法包容的。其实，说到底，都是我们自己看待对方的角度变了，心态变了，于是，“互补”变成了“差异”、“分歧”，爱情变成了痛苦地忍受。所以，我们要理智地控制自己的思想，多想想当初对方令你倾慕的优点，多回味这么多年对方为你付出的点点滴滴，唤醒自己那颗被爱充溢许久而麻木的心，这样才能开心地“执子之手，与子偕老”。

此外，中国还有句话，叫“距离产生美”。在审美过程中，只有当主体和对象之间保持一种恰如其分的心理距离时，对象对于主体才是美的。那么，我们又何必强行去改造对方，让对方与自己一致呢？给彼此留一点属于自己的空间和特色，让大家都变得美丽起来。

布里丹毛驴效应：真爱一个人，就不要优柔寡断

优柔寡断，爱将无法选择

法国哲学家布里丹养了一头小毛驴，每天向附近的农民买一堆草料来喂。一天，送草料的农民出于对布里丹的景仰，额外多送了一堆草料，放在旁边。结果，毛驴站在两堆数量、质量和与它的距离完全相等的干草之间，左看看，右瞅瞅，始终也无法决定究竟选择哪一堆好。就这样，这头可怜的毛驴犹犹豫豫、来来回回，最终在无所适从中活活地饿死了。后来，人们把这种效应称为布里丹毛驴效应。

其实，“优柔寡断”不只是布里丹养的那头小毛驴犯的错误，在人类当中也常常出现。我们总是认为优柔寡断是女人最大的通病，尤其是当她们身处爱情的迷城的时候。然而，现实生活中，在抉择伴侣的时候，不光是女人，男人也一样，总是东想西想，不知所措，害怕一时做错决定，选错了人，造成自己终生遗憾。

小王今年 33 岁，外表文质彬彬，事业小成，有房有车。在这个同龄人基本都已结婚的阶段，心急的父母催他一次又一次地相亲，他自己也很听话，一个半月内结识了 5 个女人。

本以为选择的范围越大，对自己越有利。谁料，在这 5 个女人当中，有两个女人令小王始终摇摆不定。一个叫小丽，27

岁，身高168厘米，是个不折不扣的大美女，工作、家庭以及其他方面都不错，就是脾气性格有点火爆。一个叫晓梦，25岁，小鸟依人型，家庭背景很好，父母都是高干，外表清纯可爱，但非常娇气。

因为两人各有优势，也各有缺点，而且他对两个人都有几分爱意，实在不知道该如何选择。这种徘徊和犹豫拖拖拉拉地持续了一年，小王与两个女人也朦朦胧胧地交往了一年，但始终不敢肯定自己该与谁厮守一生。

结果，前不久，小丽告诉小王："我们只适合做普通朋友，因为你的优柔寡断根本不适合我。"无独有偶，没几天，晓梦也给了小王一个明确的交代："在感情上，我更喜欢勇敢的男人，我们还是做好朋友吧。"

小王的优柔寡断，使他对小丽、晓梦两个女人的爱意最终都未能升级到一生一世的厮守之情。

诺贝尔文学奖得主萧伯纳曾说过："此时此刻在地球上，约有2万个人适合当你的人生伴侣，就看你先遇到哪一个，如果在第二个理想伴侣出现之前，你已经跟前一个人发展出相知相惜、互相信赖的深层关系，那后者就会变成你的好朋友。但是若你跟前一个人没有培养出深层关系，感情就容易动摇、变心，直到你与这些理想伴侣候选人的其中一位拥有稳固的深情，才是幸福的开始，漂泊的结束。"

也就是说，爱上一个人或许不需要靠努力，只要彼此有"缘分"、有感觉，就可以产生了爱意；但是，想"持续地爱一个人"，就要靠长期的"努力"了。

我们许多人总是为"缘分"所迷惑、苦恼，而忘记了要拥有天长地久的爱情，首先要在茫茫人海中选择一个愿意与自己天长地久的伴侣。因此，不要去追问到底谁才是你的Mr. Right，谁才是你的真命公主，而是要问在眼前可选的范围内，你要选择哪一个，该选择哪一个。在爱情上，若没有做出选择的勇气和能力，就算 Mr. Right 或真命公主出现在你身边，幸福依然会与你擦肩而过。总是活在优柔寡断之中，迟迟不肯做出选择，爱连开始的机会都没有，怎么可能天长地久呢?

事实上，人们往往不易察觉感情中的一个陷阱，就是“越挑眼越花”，新鲜的“缘分”虽然表面上看起来是那么动人可爱，但长此以往，留给自己的除了回忆还是回忆，除了遗憾还是遗憾。千万不要因为贪图频繁的“缘分”而迷失了自己，一次次地错放了幸福温暖的手。

那么，如果此刻你还没有确定与自己厮守一生的伴侣，就不要再优柔寡断了，敞开你的心扉，拿出你的勇气，做出你的选择吧!

弱水三千，只取一瓢饮

电视连续剧《倚天屠龙记》，想必大家都非常熟悉了，尤其是里面的张无忌，在数个爱着自己的女人间犹豫徘徊，似乎希望能选择所有的女人的情节，更是让人记忆深刻。

不过，当谢逊在山顶问张无忌最在意谁之后，张无忌思量许久得到了答案：“弱水三千，只取一瓢饮。”那时，他才真正清楚地发现，自己心里最在乎、最不能失去的是赵敏。

如果不是谢逊的那一问，如果没有出现刑场的那一次无能为力，张无忌可能会糊里糊涂地徘徊一辈子，继续伤害那两个为爱痴狂的无辜女子。

在感情上，人难免会有些自私。正如周芷若某晚在少林寺质问张无忌到底最爱谁时，他说出了一个大多数男人都会幻想的答案：如果小昭、蛛儿、周芷若和赵敏，4 个女人都在，那该多好啊!

然而，现实里，爱情往往就是一道单选题，你不能拥有所有曾让你动心的人，必须做一种割舍，做一种比较，留下最不能失去的那一个，其余的就只好割舍，当做生命中的一次偶遇，一次美好的邂逅。

这就是爱情中的布里丹毛驴效应。如果不止一个人出现在你的爱情世界，你妄图把他们统统选择，那么，这种贪婪注定你哪一个都不会得到，反而只会令自己伤神费力，筋疲力尽。

所以，在最后的关头，在义父谢逊的刻意提点下，张无忌总算明白“弱水三千，只取一瓢饮”的爱情真谛，没有再糊涂下去，选择了一个希望厮守一生的爱人。

如今，有些人认为，这个世界在变，爱情也在变。在我们身边，总是时不时地出现爱我们的人和我们爱的人，但这两种人却往往不重合。当我们可以自由地追逐爱情、选择情人时，爱情也就变得越来越不稳定。

一生只爱一个人不过是人们天真信仰的爱情神话。可是，扪心自问，如果我们始终徘徊于那“三千弱水”，总希望把所有的感情选择都纳为己有，鱼和熊掌要兼得，现实吗？无论是你爱的，还是爱你的，有哪个人会愿意与别人分享自己一生的幸福？

从某种程度上讲，婚姻作为一种社会形态，将我们的爱情以家庭的形式固定下来，是人们内心对激情、对真爱渴望的一种体现。即使我们不能保证自己一生只爱一个人，但当诸多选择出现时，我们一次只能爱一个人，选择一个人步入婚姻的殿堂。

同时，无论从道德角度，还是从良知角度，我们在爱着一个人的时候，就要对这份爱负责，为这份爱守节。

这就如同《红楼梦》第九十一回中，黛玉与宝玉那段非常经典的爱情对白。黛玉问：“宝姐姐和你好你怎么样？宝姐姐不和你好你怎么样？宝姐姐前儿和你好，如今不和你好你怎么样？今儿和你好，后来不和你好你怎么样？你和她好她偏不和你好你怎么样？你不和她好她偏要和你好你怎么样？”宝玉呆了半晌，忽然大笑道：“任凭弱水三千，我只取一瓢饮……”

视觉定律：女人远看才美，男人近看才识

女人要远看，男人要近看

女人是水做的，“可远观而不可亵玩焉”，远远地看着，像画一样；每天对着，就缺乏了新鲜感。这就是距离的力量，有距离才能产生美。俗话说：“看景不如听景。”从来没有真正近距离的接触，只是远远地听别人描述那优美的景色，你的想象会比那描述更美上10倍；一旦你去了，真正近距离地欣赏了那听到的美景，你会发现根本不是你想的那样，与你以前看过的风景比起来也没有特别之处。其实，不是那些地方不美，是你想象的景色过于美，美到并非人间所有，理想与现实的落差，让你失望了。美女也是一样，从来没有近距离地接触过，只敢远远地看着，她在你心中会越来越美。当有一天，她成为了你的朋友或女友，你天天那么近地看着她，你会发现她与别的女人也没有多大差别，长得也不是那么的漂亮。所以，老人们常说：“长得好看的人越看越一般。”说的就是这个道理。

男人是要近看的，不与他深入接触，你永远也看不到他真正的思想光辉。不要轻信男人的那些花言巧语和夸夸其谈，要真正地与其进行内心交流，才能看出他是否真的有内涵。

十全十美的白马王子在现实生活是不存在的，但真正的好男人这个世界上并不少，少的只是发现。什么样的才算是好男人？千人千面万人万解。但无论是什么样的男人，都只有真正地接触后才能识其真面目。思想是一个男人最强的隐蔽力量，是做人的智慧与谋略。男人有思想，才能积极主动地创造成功的机会，寻找生活中的快乐，从而打造丰富多彩的人生。女人要看懂一个男人，就不得不深入到他的思想中，不然就无法见识他的全部魅力。

男人不是因为他生来是一个男性，就称得上一个男人了。一个男人有时候只有在一个女人的身边，才可能完整地展示出属于男人的阳刚。有些男人善于卖弄，华而不实，如果你仅被他的外在表现迷惑，那就离危险不远了。男人可以不漂亮，但不能没有思想，没有品质，没有责任心。

女人要远看，是从美学角度来说的；男人要近看，是从现实角度来考虑的。人总是会把自己最美好的一面呈现在大家面前，但有些男人不懂得表现，他们总是把自己最美的思想藏得很深，这就需要独具慧眼的女性去挖掘宝藏了。女人是美的化身，但人无完人，每个女人身上多少都有些坏毛病，不要拿你理想中的女神来要求她们，这样你会发现每个女人都是美的。

欣赏男人往往需要时间去发掘，男人对家庭、对社会影响很大，所以造成的危害也大，只有深入了男人的思想，才能看到他的全部。善于卖弄的男人最初或许会令女人着迷，但是他们无法给予女人持久的爱情。

远近得当，才能生活融洽

有距离，才有美感。很多婚姻的触礁，原因就在于妻子和丈夫走得太近，恋爱中出现问题，很多也因为双方整天粘在一起。太近的距离，让双方的缺点暴露无遗，少了那种朦胧的美感。

男人爱女人，很多是因为女人的美貌，但过日子不是只靠脸就行的。只有美丽的内在，才能真正长久地抓住一个男人的心。

女人如书，容貌是书的封面，气质是书的内容。仅有漂亮的外貌却缺乏内涵气质的女人，这样的书尽管封面装帧很漂亮，但并不具有可“读”性，相反，既有美的外貌又有美的气质的女人才是既可观赏又耐品读的珍品书。所以，把你用来美容打扮的时间，分一半用来装饰内在，岂不是更好？这样无论远看近看，你都是美丽的女人。

当然，这是针对女人自身修养来说的。另外，男士们还要与妻子保持一定的距离，不要让双方离得太近，也不要对妻子的缺点过于苛刻，她本来就不是“天外飞仙”，你不能用你以前幻想的那个完美形象来要求自己的妻子，这样不公平。给双方一点空间，懂得欣赏妻子的优点，这样才会让生活更融洽。

对于男人来说，好男人是不能用统一标准来划分的。同样的特性放在这个男人身上是优点，放在那个男人身上可能就是缺点了。世事的不确定与变化，使人们的性格千奇百怪，世界也变得多姿多彩。也许一个男人会因为少了聪慧多变而成就了他的敦厚质朴，也许一个男人会因为心地善良而事业无成。

男人如书，从外观上讲，书有厚薄之分，有装帧堂皇与简约之别，男人也有魁梧与矮小、俊朗与猥琐之别；从内容上说，书分高雅和平庸、厚重与浅薄，男人更有内涵深厚与空有一副外表之分。男人如书，有的可以终生为伴，相濡以沫；有的只能默默祝祷，遥遥相望；有的则唯愿此生不与之谋面。读书是需要时间的，好书多读才能懂。

因此，男女双方要学会欣赏与被欣赏，要懂得保持最适当的距离来欣赏和被欣赏。俗话说，金无足赤，人无完人。完美只是相对的，唯有缺憾才是绝对的。欣赏他人的时候，要懂得找到最佳的距离；被欣赏时，也要尽量保持最佳距离，该远则远，该近则近。

《圣经》中上帝对男人和女人说：“你们要共进早餐，但不要在同一碗中分享；你们要共享欢乐，但不要在同一杯中啜饮。像一把琴上的两根弦，你们是分开的也是分不开的；像一座神殿的两根柱子，你们是独立的也是不能独立的。”

这段话形象地说明了婚姻关系中的两个人的韧性关系，拉得开，但又扯不断。谁也不能过度地束缚对方，也不能彼此互不关心，有爱，但是都在适度的范围之内，这才是和谐的婚姻。

可是很多人似乎并不能体会到婚姻的真谛，在他们眼里，对方身上有很多缺点，他们常常试图通过各种途径让对方改掉坏习惯，可是习惯是日积月累形成的，当然不会轻易改掉，于是夫妻之间的矛盾就产生了。

夫妻之间产生争执的主要原因，是他们把婚姻当成一把雕刻刀，时时刻刻都想按照自己的要求用这把刀去雕塑对方。为了达到这个理想，在婚姻生活中，当然就希望甚至迫使对方摒除以往的习惯和言行，以符合自己心中的理想形象。但是有谁愿意被雕塑成一个失去自我的人呢？于是，“个性不合”、“志向不同”就成了雕刻刀下的“成品”，离婚就成了唯一的出路。

要知道，婚姻不是一个人的付出，只有两个人同心协力，才能维护好一个温暖的家。可是并不是所有的人都能注意到对方的付出，甚至有的人会把对方的付出看做是理所当然的。如果对方稍微有什么地方做得不好，就加以指责，这样的做法无疑会伤害了对方的心，会让他觉得一切的努力都付之东流了。

爱一个人，就应该让他感觉到幸福，而不是要给他原本疲惫的心灵增加新的创伤。所以，在夫妻生活中，一定要相互扶持，相互欣赏，相互鼓励。虽然因为个性的不同，两个人没有办法完全融为一体，但是一定要让对方感受到你的存在，让他体会到你对他的欣赏和爱护。在他犯错的时候，给予善意的提醒，而非指责，有时候一个善意的眼神也会让对方觉得很温暖；在他犯傻的时候，给予适当的爱抚，告诉他“你真可爱”，一句看似不经意的话语，却可以激起爱的涟漪，让对方感受到你的体贴。

每个人都会有缺点，但是相爱的人，却能在对方的缺点中找寻闪光点，在对方的不足中寻找到内心的满足。欣赏的眼光，总是能让爱情变得更甜，让婚姻变得更美。

麦穗理论：不求最好的他（她），但求最适合的他（她）

走进麦田，面对选择却又难以选择

《诗经》有云："死生契阔，与子成说；执子之手，与子偕老。"千百年来，斗转星移，沧海桑田，多少海誓山盟老去，这句情话却依然焕发着让人怦然心动的生命力。我们总是渴望完美的爱情，所以习惯于在一道道通向幸福的门前选择一次又一次的犹豫与彷徨。因为不能回头，于是我们的心中充满了矛盾，很怕自己错过的就是最好的，又总觉得后面的路还很长，应该还会有更好的。就这样，原本属于我们的爱情最终化做了别人的婚姻。

在心理学中，这种现象就是"麦穗理论"的反映。这一理论，来源于这样一个故事：

伟大的思想家、哲学家柏拉图问老师苏格拉底：什么是爱情？苏格拉底就让他先到麦田里去摘一棵全麦田里最大最金黄的麦穗来，只能摘一次，并且只可向前走，不能回头。

柏拉图于是按照老师说的去做了，结果他两手空空走出了麦田。老师问他为什么没摘？他说："因为只能摘一次，又不能走回头路，其间即使见到最大最金黄的，因为不知前面是否有更好的，所以没有摘。走到前面时，又发觉总不及之前见到的好，原来最大最金黄的麦穗早已错过了，于是我什么也没摘。"

老师说："这就是爱情。"

之后又有一天，柏拉图问他的老师苏格拉底：什么是婚姻？苏格拉底就叫他先到树林里，砍下一棵全树林最大最茂盛的树，同样只能砍一次，同样只可以向前走，不能回头。

柏拉图于是照着老师说的话做。这次，他带了一棵普普通通，不是很茂盛，亦不算太差的树回来。老师问他："怎么带这棵普普通通的树回来?”他说：“有了上一次的经验，当我走了大半路程还两手空空时，看到这棵树也不太差，便砍下来，免得最后又什么也带不出来。”

老师说：“这就是婚姻!”

在数不清的麦穗中寻找最大的麦穗几乎是不可能的，所谓“最大的”往往也是在错过之后才能知道。在无数次的擦肩而过之后，我们的心可能已经疲惫，于是在简单地比较之后，匆忙地做出了选择，而这个选择其实未必真的是最好的。命运就是这么地爱捉弄人。

其实，柏拉图的困惑也是我们的烦恼，完美的爱情和婚姻是很难得到的，对于大多数人来说，童话般的爱情只是奢望。当我们想使用一件东西的时候，翻遍了家里的每个抽屉都找不到；在我们不需要它的时候，它却不经意地出现在我们的面前。造物主有捉弄人的本性，爱情也是如此。当我们把对爱情的期望一条一条写在纸上，然后热切地盼望爱情出现的时候，爱情总是绕身而过，不是和这个人志趣不投，就是和那个人激不起爱情的火花。找到心目中最理想的恋人是可遇不可求的事情，因而很多人是勉强走到一起的。

其实，生活从来没有最优解，也没有最满意解，只有相对满意解。选择伴侣，对你我来说都是一件神圣而又谨慎的事情，婚姻也可以说是我们的第二次生命。俗话说得好：“男怕入错行，女怕嫁错郎。”每个人都想找到自己的白马王子或者白雪公主，但是生活总是存在偏差，就如同你在麦地里摘了麦穗出来后，总会发现会有比手中大的麦穗一样，和我们共度一生的那个人，很可能不是我们最爱的那个，但是，也不是我们最讨厌的那个。

找一个自己喜欢并适合自己的人共度一生是一件非常幸福的事情，但这样的几率很小。如果用我们的一生去等待，我们也许会找到最适合自己的那个人，但是谁又能有勇气用一生去等待呢？既然不能，我们就要珍惜手里的麦穗，正像一句广告词说的那样：我选择，我喜欢！

穿越麦田，在心灵的交融中找到心的归宿

人生就正如穿越麦田，只走一次，不能回头，要找到属于自己最好的麦穗，必须要有莫大的勇气并付出相当的努力。要想拥有最完美的婚姻，就不能盲目草率地做决定，但是犹豫不决，又只会错过一次次机会。只有在恋爱征程中，积累阅历，磨炼感情，了解自己真正需要什么，这样才能找到真正适合自己的人生伴侣。

也许上天故意让我们在遇到生命中的天使之前，遇到几个有缘无分的人，在我们多次的彷徨之后，才能学会珍惜这份迟来的礼物。一次又一次地与缘分擦肩，一切的冲动、激情、浪漫都慢慢消失，而有一个人始终占据着你心里最重要的位置，你对他的关心及牵挂丝毫未减。那便是爱了。

爱一个人并不需要太多的理由，也许他不是最优秀的，也许她不是最漂亮的，但他/她一定是最适合你的，因为他/她最懂你的心。爱情是两颗心的交融，是情与情的交流，是爱与爱的沟通。爱情是在寻找一个心灵的归宿，无论是男人还是女人，在自己还是懵懂、情窦初开的时候，就在自己的心灵深处悄悄勾勒出自己的“另一半”，而它就像影子一样紧紧地依附在自己的灵魂上，要伴随着自己走完一生，根深蒂固。爱情固有的魅力和感召力是外在条件所无法去左右的，当一个人在你心里扎了根，便再也消失不了了。

我们在寻找伴侣的时候，不要把心目中的“麦穗”想象得太过完美，择偶目标要切合实际，绝不能一挑再挑，非要找到最好的不可。当然，也不要过分注重外在条件，如相貌、金钱、地位、学历等。爱情是纯洁的，纯洁得容不下一点杂质。我们常常为了寻找理想中的爱情，自以为是地设置了许多标准。找

寻的过程是漫长的，或与相貌结伴，或与财富同行，他们以为用这些可以培养爱情。可当时间渐渐流逝的时候，他们发现爱情一点点地消失，曾经幻想的美景化作一片云，被时间的清风吹散。时间能够吹去爱情的杂质，却吹不走爱情的本质，心灵的伴侣才是一生的伴侣。

俗话说：金钱可以买来女人却买不来爱情，就在于爱情它不是商品，自然就不能用钱来进行交易。相貌、财富、心情……都会随着时间的流逝而改变自己原来的状态，唯有爱情，纯洁的本质是不会改变的。在西方的婚礼上，神父对每一对新人都会问同样的一个问题：不管生老病死，你都愿意一生照顾她……我想这就是爱情的意义。当你遭受挫折，当你一无所有，当你白发苍苍的时候，看着陪在你身边不离不弃的人，你就知道了什么是爱情。

爱情一旦错过，就不会重新来过。当丘比特之箭射中我们的时候，我们一定要紧紧抓住箭的另一端——我们的爱人。遇到合适的人，彼此可以融洽地生活，简单也好，复杂也罢，就别再犹豫，牢牢地抓住他/她，在相依相守中获得真正的爱情。

虚入效应：爱就要勇敢地“乘虚而入”

爱她（他），要在她（他）最需要你的时候出现

“乘虚而入”，原是军事上常用的战术。两军作战，趁敌人没有防备的时候进攻或进攻敌人防备较弱的地区，这样胜算就比较大。在感情上，当他人失恋或失意时，表达对他人的关心，往往会收到意想不到的效果。

芳，是一个美丽而清高的女子，喜欢她的男子不计其数，但她都不正眼看一眼。她想要的是事业的成功，社会的名望。她的美貌给她带来了很多机会，也让她遭受了许多非难。女上

司不喜欢她，女同事们更是把她当做眼中钉。女上司无缘由的训斥，女同事无休止的捉弄，再加上繁重的工作，让芳彻底崩溃，病倒了。强是芳的同事，暗恋芳已久。得知芳病了后，强每天早晚在医院陪芳照顾芳，给芳讲笑话逗她乐，给她讲故事鼓励她，让芳重新恢复了对生活和工作的信心。芳病好后，和强一起出现在公司众人的面前，这让公司里的人惊讶不已。大家都想不通，如此普通的强怎么打动了芳的心？其实，道理很简单，强就是用了“乘虚而入”这一招，在芳最需要人关心的时候关心了她。

爱情需要感觉，一见钟情很美妙；爱情需要默契，心有灵犀很惬意。爱情需要手段，只要能带给你爱的人幸福而不是伤害，乘虚而入也没什么不好。爱情需要竞争，胜利的果实让人回味无穷，但竞争不是不择手段，胜利无需处心积虑，只要能恰当地把握时机，你就能摘到你想要的苹果。

在文学作品和影视作品中，有很多“乘虚而入”最后得逞的角色，但描述和表现这样的角色时总是带着讽刺和鄙视，人们在看这类人时，也觉得他们太过有心机，甚至很卑鄙。而在现实生活中，这个招数在追求心爱的人时，却屡试不爽。为什么人们鄙视它，又不断运用它呢？因为爱情是可望而不可求的，你能遇到你爱的人的机会更是微乎其微，如果不想方设法把他（她）抓住，那么很可能你这辈子都再也遇不到让你动心的人了。谁会冒这个险呢？谁都知道“乘虚而入”这招最管用，在他（她）最需要人关心的时候出现在他（她）面前，关心他（她）鼓励他（她），何愁他（她）不感动？而当我们创作或欣赏文学、影视作品时，那是我们评判他人的时候，道德正义都不允许我们喜欢这种人。

其实，乘虚而入没有什么不好，只要你清楚那个人是你爱的，你可以给他（她）幸福。有些人只是为了满足自己一时的私欲，乘人之危，加害于人，这真是太可恨。像《水浒传》中的高俅的义子高衙内就是这样一个可恨的人，他无意中看上了林冲的妻子，就想霸占他人之妻，几次三番想置林冲于死地，好达成霸占林冲妻子的目的。这样的人，才是真正应该受到鄙视的人。

懂得付出，爱终究会有回报

爱一个人就要懂得付出，这种付出不是指天天粘着你爱的人，而是时时关心、默默对他（她）好，而不给他（她）的生活造成困扰。当他（她）遇到困难，出现危难时，立即挺身而出，为他（她）解决一切麻烦。保护他（她），爱护他（她），而不求任何回报，这就是真爱。越是甘心付出、不求回报的人，往往越能得到上天的垂怜。

园是一个光芒四射的女孩，她活泼可爱，面容姣好，举止大方，能歌善舞，身边总是围着一群男生，争着为她献殷勤，而磊却总是默默地躲在一边，看着园。如果园不小心滑了一跤，在其他男生还没反应过来的时候，磊已经一个箭步冲到园的跟前扶住了她，然后又什么也不说地走了。园第二天要参加歌唱比赛，前一天她的桌柜里肯定会出现一盒金嗓子。园想报考GRE，磊就把自己考试的心得悄悄放在园的桌柜里。在一次舞蹈比赛中，园正忘情地跳着，却不小心踩到了一颗本不应该出现在舞台上的玻璃珠，脚下一滑，重重地摔在台上。接下来的事，她就不知道了。是磊，飞快地奔到台上，抱起园就往附近的医院跑。到了医院，医生及时地把园送到急诊室进行治疗，而磊也因为过度疲劳而晕倒了。幸运的是，园只是扭伤了脚，没有脑震荡，没有后遗症。磊醒后，就一直陪在园的病床边。园睁开眼，第一个看到的就是磊，什么都明白了，泪顺着她的脸颊流下来。他们走在了一起。

其实，爱情无需太多计谋，只要你愿意为你爱的人全心付出，那么她最终会投进你的怀抱，即使两人没有走到一起你也没有遗憾。在这个快餐式的社会里，一切都喜欢快节奏，像磊这样只知道付出而不讲回报的人，越来越少了。人们都害怕受伤害，喜欢计较得失，男男女女都在打着自己的小算盘，“算计”着自己的伴侣。何必呢？这样双方都会受伤。

乘虚而入是个很好的爱情计谋，但是只有你关注这个人，你才懂得什么时候是“虚”。其实乘虚而入，也可说是“乘需而入”，只要你全心的付出，时刻关注，总会有让你“乘虚而入”的机会的。虽有良好计谋，依然鼓励全心付出去赢得真爱。

但是作为女孩，也要懂得保护自己，不要让坏人乘虚而入，一失足成千古恨。人在遇到感情危机时，别人的点滴关爱都有可能让你把他当做终生寄托。在电影《无人驾驶》中，无论是林心如扮演的王丹，还是陈建斌扮演的王遥，都把自己的未来交给了在他们感情最脆弱的时候向他们伸出关爱之手的人，结果他们都被骗了。显然，坏人更懂得运用“乘虚而入”的计谋。所以，在你最失意的时候，要记得找你最亲最近的人，而不要随便相信陌生人，要知道缘分会“乘虚而入”，而病毒更容易“乘虚而入”。

相信真爱，努力付出，抛弃计谋，坦诚相待，才会真的快乐。